JN234358

John D. Joannopoulos
Robert D. Meade
Joshua N. Winn

フォトニック結晶

光の流れを型にはめ込む

工学博士 藤井　壽崇　共訳
工学博士 井上　光輝

コロナ社

Photonic Crystals

—— Molding the Flow of Light ——

by
John D. Joannopoulos
Robert D. Meade
Joshua N. Winn

Copyright © 1995 by Princeton University Press
All rights reserved. No part of this book may be reproduced or transmitted in any form or by any means, electronic or mechanical, including photocopying, recording or by any information storage and retrieval system, without permission in writing from the Publisher.
Japanese translation rights arranged with Princeton Unieversity Press, Princeton, New Jersey
through Tuttle—Mori Agency, Inc., Tokyo

"If only it were possible to make dielectric materials in which electromagnetic waves cannot propagate at certain frequencies, all kinds of almost-magical things would be possible.
(もしもある周波数で電磁波が伝搬できないような誘電物質を作ることができるようになったとしたら，ほとんどすべての魔術的な類のものが可能になるであろう)"
—— John Maddox
Nature **348**, 481 (1990)

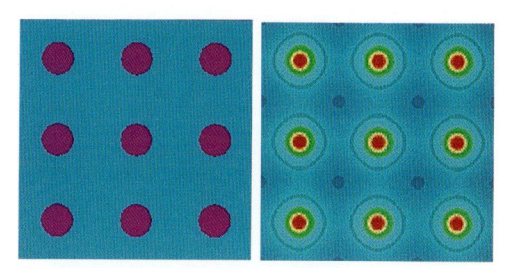

(a) Γ点における D の場

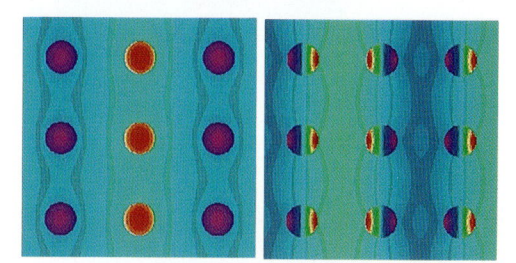

(b) X点における D の場

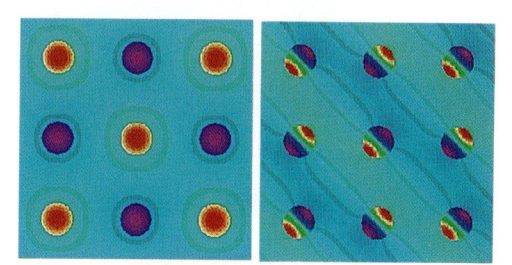

(c) M点における D の場

負 　　　　　　　　　　　　　　　　　　　　　　　　正

口絵1（図5.3）

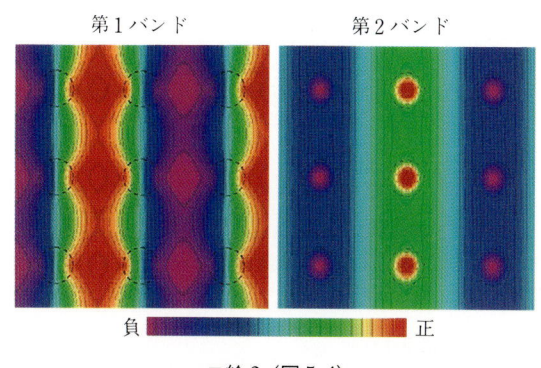

第1バンド　　　　第2バンド

負 　　　　　　　　　　　　　正

口絵2（図5.4）

バンド1　　　　　バンド2

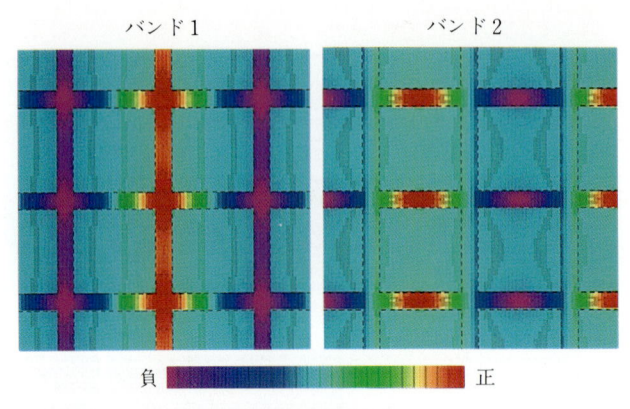

負　　　正

口絵3（図5.6）

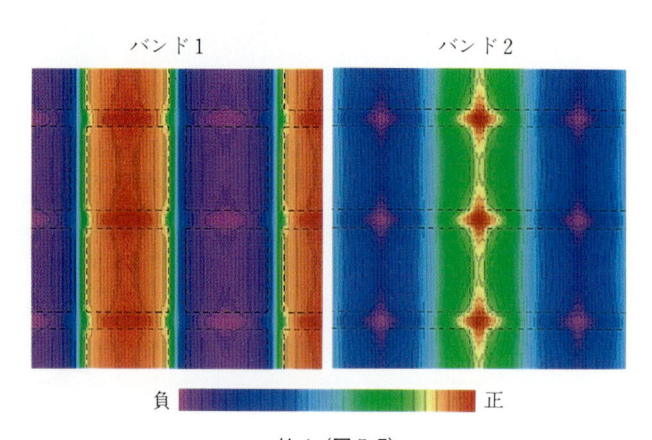

バンド1　　　　　バンド2

負　　　正

口絵4（図5.7）

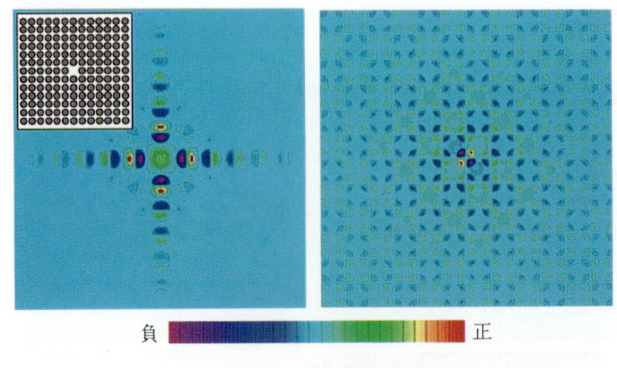

負　　　正

口絵5（図5.14）

負 ■■■■■■■■ 正

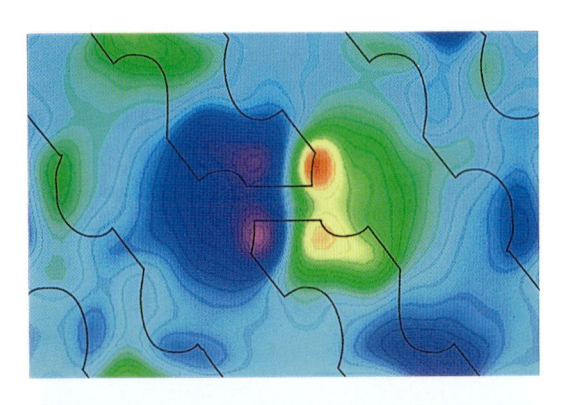

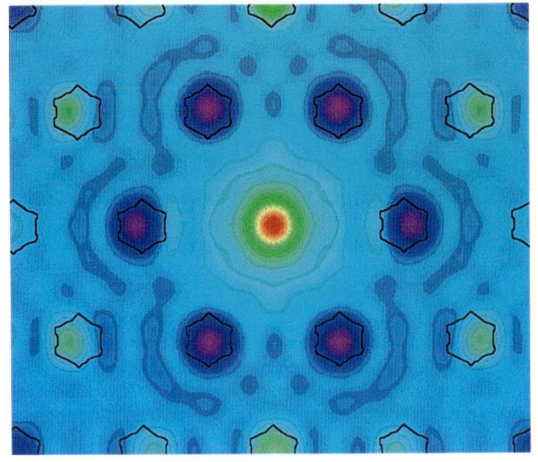

口絵 6（図 6.7）

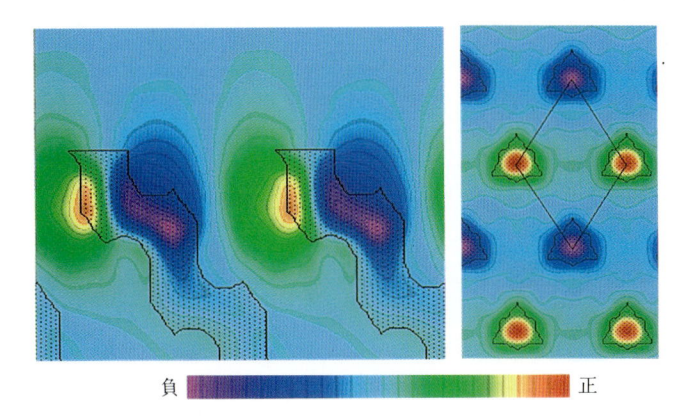

負 ■■■■■■■■ 正

口絵 7（図 6.10）

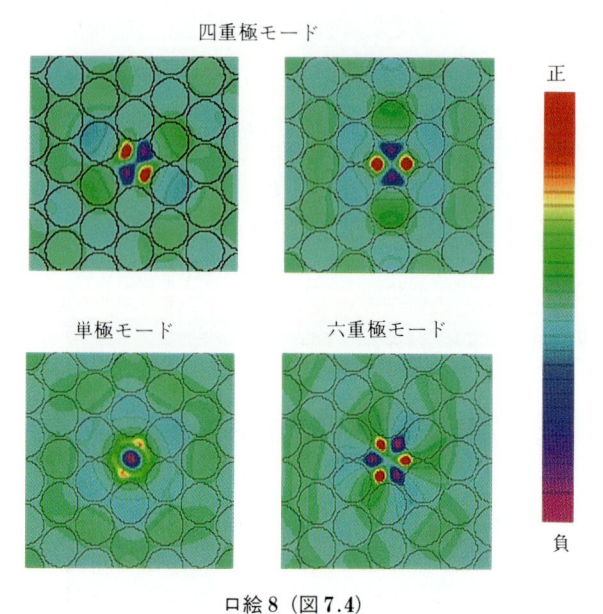

四重極モード

単極モード　　　　六重極モード

正
負

口絵 8（図 7.4）

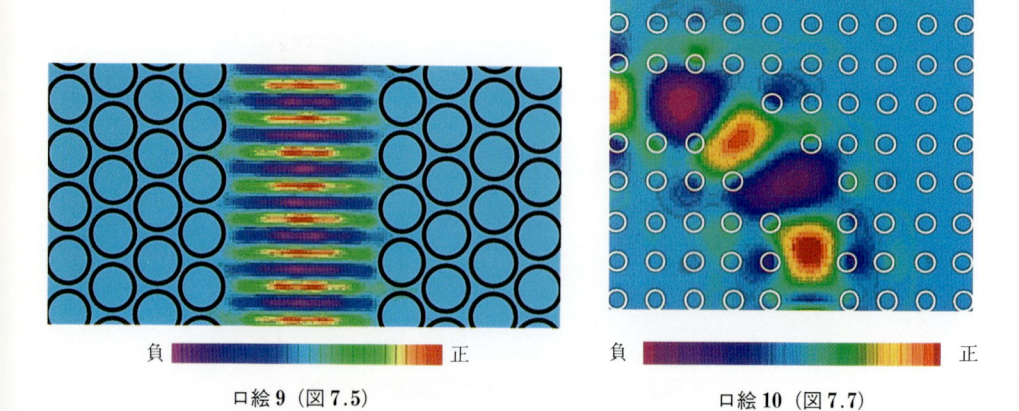

負　　　　　　　正

口絵 9（図 7.5）

負　　　　　　　正

口絵 10（図 7.7）

訳　者　の　序

　光学定数（誘電定数）を異にする物質を波長程度の寸法で周期的に配列した媒体の中を伝搬する光は，ちょうど半導体結晶中の電子のように振る舞い，種々の光学特性を制御できることは容易に想像できる。

　本書の著者 J.D. Joannopoulos 教授は，このような物質"フォトニック結晶 (photonic crystals)"の提唱者の一人であり，それらがどのような光学特性をもつかを理論的に展開し，それを用いて新規の機能性光学素子創製の可能性と具体的な素子設計指針を与えた。

　最近の半導体素子やマイクロマシーンで培われた微細加工技術の著しい発展によって，このような構造をもつ素子作製が可能となり，フォトニック結晶が現実のものとなっている。そして，本書で提唱されているいくつかの素子がすでに実際に作製され，予想された性質をもつことが確認されている。半導体技術が世の中を根底から変えたように，フォトニック結晶で光を自在に制御できれば，そのインパクトは計り知れぬほど大きいものと考えられ，この分野の研究が活発に行われるようになった。

　本書はフォトニック結晶の概念を簡潔かつ明快に紹介した最初の著書であるが，この訳書がフォトニック結晶に関心をもつきっかけになれば幸いである。本書の翻訳を快諾くださった Joannopoulos 教授，ならびに出版に便宜を賜った(株)コロナ社に深謝する。

　2000年9月

訳　者

謝　　　辞

　現在活発に研究が展開されているトピックスについての書を著すことはいつも難しいことである。この難題の一部は，研究論文を文章に直接移し換えることにある。教室の教授法に多く益することがなければ，これによってもたらされる教育的議論や演習の存在価値はありえない。

　どのような教材を取り上げるかを決定する仕事は，ましてなお挑戦的である。どのアプローチが時流のテストに合格するかだれがわかるだろうか。それを知ることは不可能である。それで本書においては，時代に無関係な真理と思われる分野に限定した題材を取り上げるように心がけた。すなわち，われわれは基礎的なものおよび証明済みの結果を示し，願わくは後で読者が最新の文献を読みかつ理解に手助けになればと願っている。確かに研究が進むにつれて追加すべき事項はたくさんあるが，ここから削除するものはないように気を配ったつもりである。もちろん，このことはいささか思索的な新しい興味をそそる結果を除外するという代償を伴ってしまう。

　これらの努力が報われたとしたら，それは多くの同僚および友人の援助のお陰に他ならない。特に，Oscar Alerhand, G. Arjavalingam, Karl Brommer, Shanhui Fan, Ilya Kurland, Andrew Rappe, Bill Robertson, ならびに Eli Yablonovich の諸氏の協力のお陰である。また，Paul Gourley ならびに Pierre Villeneuve 両氏には本書への話題提供に感謝したい。さらに Thomas Arias ならびに Kyeongjoe Cho 両氏には助けになる洞察と生産的な討論に深謝する。最後に，本原稿をまとめるにあたって米海軍研究事務局 (the Office of Naval Research) ならびに米陸軍研究事務局（Army Research Office）の支援に対して謝意を表する。

日本語版への序

　「フォトニック結晶」の日本語訳が出版されることを，たいへんうれしく思います。フォトニック結晶の分野は，世界中の研究者の新しい理論的・実験的研究によって花開いており，その非常にタイムリーなときに本書は出版されました。日本におけるフォトニック結晶の研究は特に爆発的であることから，日本語訳出版に努力された豊橋技術科学大学 助教授 井上光輝博士と同名誉教授 藤井壽崇博士に心から感謝いたします。井上光輝博士と藤井壽崇博士は，フォトニック結晶の磁気光学効果の研究を開拓し，ほとんど彼ら独自で当該分野に優れた貢献をされています。本書を，日本の次の世代の研究者に広くかつ容易に利用できるように努力されたことは，フォトニック結晶研究の継続的な活力と成功を保証する意味で非常に重要で，彼らはこの意味でもフォトニック結晶の分野に対してすばらしい貢献をされました。

John D. Joannopoulos
ケンブリッジ，マサチューセッツ
2000年6月

目 次

謝 辞

1 序　章

1.1 物質の性質を制御する ……………………………………………… 1
1.2 フォトニック結晶とは ……………………………………………… 2
1.3 本書の展開 …………………………………………………………… 4

2 混在した誘電体媒質中の電磁気学

2.1 巨視的マクスウェル方程式 ………………………………………… 7
2.2 固有値問題としての電磁気学 ……………………………………… 11
2.3 調和モードの一般的性質 …………………………………………… 13
2.4 電磁エネルギーと変分原理 ………………………………………… 15
2.5 なにゆえ電場でなく磁場を用いるのか …………………………… 18
2.6 マクスウェル方程式のスケーリング則 …………………………… 19
2.7 電気力学と量子力学との対比 ……………………………………… 21
2.8 さらに進んだ勉強をするには ……………………………………… 22

3 対称性と固体電磁気学

3.1 電磁モードの分類に対称性を用いる ……………………………… 23

- 3.2 連続的並進対称性 …… 26
- 3.3 離散的並進対称性 …… 30
- 3.4 フォトニックバンド構造 …… 33
- 3.5 回転対称性と既約ブリユアンゾーン …… 34
- 3.6 鏡面対称性とモードの分離 …… 36
- 3.7 時間反転不変性 …… 38
- 3.8 再度電気力学と量子力学を比較する …… 39
- 3.9 さらに進んだ勉強をするには …… 39

4 伝統的多層薄膜——一次元フォトニック結晶——

- 4.1 多層膜 …… 41
- 4.2 フォトニックバンドギャップの物理的起源 …… 43
- 4.3 フォトニックバンドギャップ中のエバネセント波 …… 47
- 4.4 軸はずれの光伝搬 …… 49
- 4.5 欠陥における局在モード …… 53
- 4.6 表面状態 …… 55
- 4.7 さらに進んだ勉強をするには …… 56

5 二次元フォトニック結晶

- 5.1 二次元のブロッホ状態 …… 58
- 5.2 誘電体円柱の正方格子 …… 60
- 5.3 誘電体支脈の正方格子 …… 64
- 5.4 すべての偏光に対する完全バンドギャップ …… 67
- 5.5 面外伝搬 …… 70
- 5.6 直線状欠陥による光局在 …… 72
- 5.7 面状局在：表面状態 …… 78

5.8 さらに進んだ勉強をするには …………………………………… 82

6 三次元フォトニック結晶

6.1 二つの種別のフォトニック結晶 ……………………………… 83
6.2 完全バンドギャップをもつ結晶 ……………………………… 86
6.3 点欠陥における局在化 ………………………………………… 89
6.4 直線状欠陥における局在化 …………………………………… 92
6.5 表面における局在化 …………………………………………… 93
6.6 さらに進んだ勉強をするには ………………………………… 99

7 フォトニック結晶の応用とその素子設計

7.1 反射誘電体 …………………………………………………… 100
7.2 空洞共振器 …………………………………………………… 104
7.3 導 波 器 …………………………………………………… 107
7.4 結　　　言 …………………………………………………… 110

付　　録

A 量子力学との比較 …………………………………………… 112

B 逆格子とブリユアンゾーン

B.1 逆　格　子 …………………………………………………… 116
B.2 逆格子ベクトルをつくるには ……………………………… 118
B.3 ブリユアンゾーン …………………………………………… 119

- B.4 二次元格子 …………………………………………………… *120*
- B.5 三次元格子 …………………………………………………… *122*
- B.6 ミラー指数 …………………………………………………… *123*

C　二次元フォトニック結晶のバンドギャップアトラス

- C.1 ギャップ地図を読む ………………………………………… *125*
- C.2 ギャップ地図の例 …………………………………………… *126*

D　フォトニックバンド構造の計算

- D.1 第一原理計算 ………………………………………………… *131*
- D.2 計算上の構成法 ……………………………………………… *132*

参考文献 ………………………………………………………… *135*
索　引 …………………………………………………………… *138*

1

序　　　章

1.1　物質の性質を制御する

　人類がもっている技術の中で真の飛躍をもたらしたものの多くは，物質の性質を深く理解することにあったといえる．石器時代から鉄器時代を通じてわれわれの先祖が歩んできた進歩の多くは，自然界の物質を有効利用しようとする人間のたゆまぬ努力の結果である．有史前の人々は石の耐久性や鉄の硬さの知識に基づき道具を形づくった．いずれの場合においても，人類は地球から与えられた性質をもつ物質が役にたつとわかると，それを抽出することを学んだ．
　ついには，地球がそのままの形で提供しているものをただ受け取るより，もっと多くを役立たせることを学んだ．既存の物質をあれこれと加工することによって，人類は遠い昔の青銅のつや出しから現代の高い信頼性をもつ鉄鋼やコンクリートまで，もっともっと望ましい性質をもつ材料をつくりだしてきた．今日，金属学，セラミックスならびに高分子の進歩のお陰で，機械的性質をまったく異にする完全に人工的なおびただしい物質を人類は享受している．
　20世紀において，物質にかかわる制御は電気的性質を包含して拡大した．半導体物理の進歩は，ある種の物質の伝導特性を自由に制御することを可能にし，それによってエレクトロニクスにトランジスタ革命をもたらした．新合金やセラミックスを用いて科学者たちは高温超伝導体を発見した．これらの分野における進歩がわれわれの社会にもたらすインパクトは計り知れないほど大きいといえる．この10年間において，これに似た到達目的をもつ"さきがけ"と

なる技術，すなわち物質の光学的性質を制御しようとする技術が世に現れた。もし，われわれがある振動数をもち，ある方向に伝搬する光だけ伝搬を禁止または通過を許す，あるいは特定の領域内に光を局在することが工学的に可能であるとするならば，われわれの技術に多くの恩恵をもたらすであろう．すでに単に光を導波する光ファイバケーブルは遠距離通信工業に革命をもたらした．レーザや高速コンピュータ，分光学はまさに光学物質の進歩から恩恵を受けた候補に挙げられる二，三の分野といえる．本書はこのような究極目的を意図して著したものである．

1.2　フォトニック結晶とは

では，いかなる種類の物質が光伝搬を完全に制御できるであろうか．この問に答えるために，成功をおさめたエレクトロニクス物質を例にとってみよう．結晶は原子あるいは分子の周期的配列である．すなわち，結晶格子は原子あるいは分子の一つの小さな基本的構成ブロックが空間的に繰り返されてできている．それゆえ，一つの結晶はその中を伝搬する1個の電子に対して周期的ポテンシャルで表され，結晶の幾何学的配置は結晶のもつさまざまな伝導特性のシナリオを書く．

特に，結晶格子は結晶のエネルギーバンド構造中にギャップを導入し，電子が（原子からブラッグ様の回折によって）ある方向あるエネルギーをもって伝搬することを禁止する．もし格子ポテンシャルが十分強ければ，ギャップはすべての可能な方向に広がることができるであろう．その結果，**完全バンドギャップ**（complete band gap）をつくる．例えば，半導体の価電子帯と伝導帯間は完全バンドギャップである．

この光学的相似が**フォトニック結晶**（photonic crystal）であり，その中では周期的"ポテンシャル"は原子の代わりに巨視的な誘電媒質の格子となる．もし，その結晶中の物質の誘電定数が十分異なり，かつ物質による光吸収がごく小さいとすると，誘電体層間の散乱は原子のポテンシャルが電子に作用する

ようにフォトン（光モード）に対して多くの類似の現象を生じさせる。したがって光学制御と操作の問題についての一つの解は，フォトニック結晶すなわち低損失周期的誘電媒体であり，特に，特定エネルギーをもち，ある方向の光が伝搬しないような**フォトニックバンドギャップ**（photonic band gap）をもつフォトニック結晶を設計し作製することである。

この考えを発展させるために，フォトニック結晶がすでに一般的に使われている二つの異なるデバイス——金属導波器と誘電体ミラー——とどのように関連しているかを考えてみよう。金属共振器および導波器は共にマイクロ波伝搬制御に広く用いられているものである。金属共振器はあるしきい値周波数以下の電磁波の伝搬を阻止し，また金属導波器はその軸に沿った伝搬だけを許容する。これらの性質は共に有用であり，またマイクロ波以外の周波数においても非常に役に立つものとなろう。

しかしながら，他の周波数の電磁波（例えば可視光）は金属要素の中で急速に減衰を受けるので，光学的に制御しようとする本法の一般化は困難なものになる。フォトニック結晶は単に共振器や導波器の模倣ができるだけではなく，より広範な周波数範囲で設計可能であり，適用できるものである。われわれはマイクロ波制御のためのミリメートルの幾何学的寸法をもつフォトニック結晶，あるいは赤外線制御に対するミクロンの寸法をもつフォトニック結晶を作製できよう。

もう一つの広く用いられている光学デバイスは誘電体ミラーである。これは異なる誘電物質の四分の一波長の厚さの層を交互に積み重ねたものである。このような層状物質上に適当な波長の光が入射すると完全に反射される。その理由は，光波は層境界面で散乱され，もしその間隔がちょうど適当なものであれば，多重散乱波は物質内部で破壊的に干渉する。この効果はよく知られており，誘電体ミラー，誘電**ファブリー・ペロー**（Fabry-Perot）フィルタや分布帰還形レーザなど多くのデバイスの基礎を形成するものである。これらすべては一次元で周期的な低損失誘電体で構成されており，われわれの定義でいえば一次元フォトニック結晶である。しかし，このようなミラーが反射器として用

を足すのは光が層状物質に垂直，もしくはほぼ垂直に入射したときだけである。

フォトニック結晶がある周波数範囲で任意の角度で入射した任意の偏光をもつ光を反射するなら，その結晶は**完全フォトニックバンドギャップ**（complete photonic band gap）をもつという。このような結晶では，光の周波数がその範囲内にあるなら，いかなるモードの光も伝搬しないことになる。単純な誘電体ミラーでは散乱は一つの軸に沿ってのみ起こるので決して完全バンドギャップをもちえない。完全フォトニックバンドギャップをもつ材料を創製するには，三つの軸に沿って周期的な格子の中に誘電定数を異にする誘電体を配列しなければならない。

1.3 本書の展開

本書の目的は，フォトニック結晶中の光の伝搬をわかりやすく記述することにある。これを達成するために，図1.1に示すようにまず一次元フォトニック結晶から始め，複雑であるが有用な性質をもつ二次元系あるいは三次元系のフォトニック結晶に漸次移行して検討することにする。適当な理論的道具立てをした後，どのような構造がどんな性質を生じるかという実際的な質問に答える

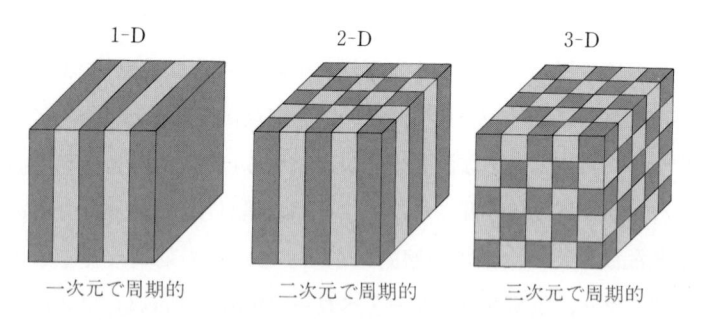

図 1.1 一次元，二次元および三次元フォトニック結晶の簡単な例。網の濃度が違う部分は異なる誘電定数をもつ物質を表す。フォトニック結晶の明確な特徴は一つあるいはそれ以上の軸に沿って誘電物質の周期性をもつことである。

ことから始める。

　本書は広範な読者を対象に書かれている。厳格に要求される予備知識は巨視的なマクスウェル方程式と調和モードの概念だけである。これら二つの基本構成要素から，必要とする数学的，物理的なすべての道具立てを展開できる。本書はフォトニック結晶に興味をもつ学部学生にとっては入門的教科書として用いることができるし，また専門の研究者にとっては個々の応用に対してどんなフォトニック結晶を選択するかの発見的教育手段と結果の利用に用いることができよう。量子力学や固体物理学に精通した読者にとっては，われわれの定式化の多くがこれらの分野の技法や記号法に従っているので理解が容易となろう。付録 A でこの相似性を詳細に示してある。

　フォトニック結晶の学問領域は固体物理学と電磁気学との結婚ともいえる。結晶構造は固体物理学の市民であるが，フォトニック結晶においては電子は電磁波に置き換えられる。したがって，フォトニック結晶の解析に入る前に両者の基礎概念について述べる。2 章では，巨視的マクスウェル方程式を誘電媒体に適用した場合について検討を行う。これらの方程式は単一の**エルミート**(Hermite) 形微分方程式に書き直すことができ，この形式で波動モードの直交性，電磁気変分定理，誘電体系のスケーリング則など多くの役に立つ性質を明確にすることができる。

　3 章では，固体物理学と対称性理論のいくつかの基礎概念とそのフォトニック結晶への適用について述べる。対称性の議論は周期的結晶ポテンシャル中の電子の伝搬を理解するのに広く用いられる。同様の議論がフォトニック結晶中を伝搬する光の場合にも適用できる。ここで固体物理学からの用語を導入しながらフォトニック結晶における並進対称，回転対称，鏡面反射，反転および時間反転対称の結果について調べる。

　フォトニック結晶の基礎となる基本概念を展開するために，一次元フォトニック結晶の性質のおさらいから始める。4 章では，フォトニックバンドギャップ，局在モードおよび表面状態という三つの重要な現象を学ぶであろう。しかし，屈折率の違いは一方向についてのみであるのでバンドギャップおよび束縛

状態はその方向だけに限定される。それにもかかわらず，この単純で伝統的なシステムはもっと複雑な二次元や三次元フォトニック結晶の物理的特徴の多くに光を当てることができる。

　5章では，二つの方向には周期的で他の第3方向では一様な二次元フォトニック結晶について検討を行う。これらのシステムでは，周期性をもつ面内に一つのフォトニックバンドギャップをもつことができる。異なる結晶中のある電磁界モードの場のパターンを解析することによって，複雑な周期性媒体中のバンドギャップの本性をかいま見ることができる。このような二次元結晶における欠陥は面内にモードを局在化し結晶面が表面状態を保持することを学ぶであろう。

　6章は3軸に沿って周期的な三次元フォトニック結晶について述べる。このようなシステムは完全フォトニック結晶バンドギャップをもち，それゆえ結晶内のあらゆる方向で光の伝搬状態を許さないという著しい特徴をもつ。完全フォトニック結晶バンドギャップをもつある特定の誘電構造の発見は，この分野における最も重要な成果の一つであった。これらの結晶は点欠陥で光の局在化を，線欠陥に沿っては光の伝搬を許すという十分に複雑なものである。

　最後に7章において，これまでの章で導入した道具立てやアイデアを二，三の単純な光学要素設計に適用する。特殊なものとして，反射誘電共振器と誘電導波器に対する設計の下絵を描く。この"通り抜け（walking-through）"的な例は，フォトニック結晶のデバイス応用を構想するのみならず，本書のどこかで取り扱われた題材の簡潔な復習を提供することを意図したものである。

2

混在した誘電体媒質中の電磁気学

フォトニック結晶中の光の伝搬を学ぶためには，マクスウェル方程式に立ち戻らなければならない．誘電体媒質が混在している場合に特殊化した後，線形エルミート固有値問題としてマクスウェル方程式を扱う．この定式化から，量子力学の**シュレーディンガー**（Schrödinger）方程式と緊密な相似性でもって波動モードの直交性や電磁気場の変分定理のような多くの有用な性質が導出される．最後に，電磁気問題が異なるグローバルな長さや誘電的寸法にどのように関係するかを示す．

2.1 巨視的マクスウェル方程式

フォトニック結晶中の光の伝搬を含め巨視的電磁気学的現象のすべては四つのマクスウェル方程式によって支配される．それらはCGS単位系では

$$\left.\begin{array}{ll} \nabla \cdot \boldsymbol{B} = 0 & \nabla \times \boldsymbol{E} + \dfrac{1}{c}\dfrac{\partial \boldsymbol{B}}{\partial t} = 0 \\[2mm] \nabla \cdot \boldsymbol{D} = 4\pi\rho & \nabla \times \boldsymbol{H} - \dfrac{1}{c}\dfrac{\partial \boldsymbol{D}}{\partial t} = \dfrac{4\pi}{c}\boldsymbol{J} \end{array}\right\} \tag{2.1}$$

ただし，$\boldsymbol{E}$ および $\boldsymbol{H}$ はそれぞれ巨視的な電場および磁場，$\boldsymbol{D}$ および $\boldsymbol{B}$ はそれぞれ電気変位場および磁気誘導場である．ρ および $\boldsymbol{J}$ は自由電荷および電流である．微視的対応からこれらの方程式を導く優れた方法はジャクソン（Jackson, 1962）の著書に記載されている．

ここでは，自由電荷および電流がなく一様な領域の複合体である混在誘電体媒質中の伝搬に限定する．この複合体は**図 2.1** に示すように周期的である必要はない．この種の媒質の中を光は伝搬するが光源はないものすると，$\rho = \boldsymbol{J}$

8   2. 混在した誘電体媒質中の電磁気学

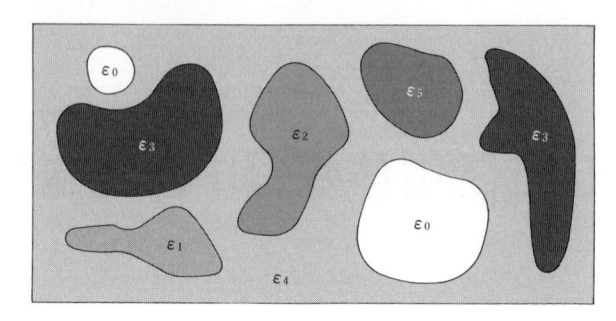

図 2.1 一様な誘電媒質の巨視的な複合体。電荷も電流もないとする。方程式 (2.1) 中の $\varepsilon(r)$ は任意とするが、おもにわれわれの関心は上に示したような一様な誘電体のつぎはぎからなる物質に焦点をあてる。

$= 0$ とおくことができる。

つぎに、D と E、および B と H をわれわれの問題に適当な構成関係と関係づける。一般に、変位場 D の成分 D_i は電場 E の成分 E_i と複雑なべき級数を通して関係づけられる（ブレームベルゲン（Bloembergen, 1965）の教科書参照）。

$$D_i = \varepsilon_i E_i + \sum_j k\chi_{ij} E_i E_j + O(E^3) \qquad (2.2)$$

しかし多くの誘電物質に対して、以下の標準的なものを用いてもよい近似となる。第一に場の強さは十分小さく、したがって線形の範囲内にあると仮定する。それゆえ χ および高次の項は無視できる。第二に材料は巨視的で等方的であると仮定する。それゆえ $E(r, \omega)$ と $D(r, \omega)$ は、スカラー誘電定数 $\varepsilon(r, \omega)$[†1] で関係づけられる。第三に誘電定数はいかなる陽の周波数依存性をもたないとする。その代わり、単純にいま考えている物理系の周波数範囲に適当な値の誘電定数を与えることにする。第四に低損失誘電体にのみに焦点を当てているので、$\varepsilon(r)$ は実数として取り扱うことができる[†2]。

これらのことから $D(r) = \varepsilon(r) E(r)$ となる。式 (2.2) と類似の関係が B

[†1] D と E が誘電テンソル ε_{ij} で関係する異方的媒質への定式の一般化は簡単である。
[†2] 複素誘電率定数は Jackson (1962) の著書にあるように、吸収を説明するために用いられる。

2.1 巨視的マクスウェル方程式

と H の間にも成り立つ。しかし，興味ある大部分の誘電体に対して透磁率は1に近く $B = H$ とおいてよい。

これらすべての仮定を用いて，マクスウェル方程式 (2.1) は次式 (2.3) になる。

$$\left. \begin{array}{ll} \nabla \cdot H(r,\ t) = 0 & \nabla \times E(r,\ t) + \dfrac{1}{c}\dfrac{\partial H(r,\ t)}{\partial t} = 0 \\ \nabla \cdot \varepsilon(r) E(r,\ t) = 0 & \nabla \times H(r,\ t) - \dfrac{\varepsilon(r)}{c}\dfrac{\partial E(r,\ t)}{\partial t} = 0 \end{array} \right\}$$

(2.3)

われわれは線形・無損失物質に限定する。読者はこれらの仮定が興味ある物理現象を失わさせてしまうのではないかと思うかもしれない。こういう場合もあろうが，興味ありかつ役に立つ多くの性質は"単純な"線形無損失の物質から生じるという著しい事実がある。加えて，これらの物質の理論的取扱いはずっと解析が容易になり実際に正確である。これらの理由から，本書を通じてこのような場合を取り扱うことにする。

一般的に E と H は時間空間の複雑な関数であるが，マクスウェル方程式は線形であるので，場を調和モードに級数展開して時間依存性を分離することができる。本節および次節では，マクスウェル方程式が時間的に正弦波的（調和的）に変化する制限を課すことにする。これはこれらの調和モードの適当な組合せで任意の解をつくり上げることが可能であることがフーリエ解析で知られており，大きな制約にはならない。しばしば，われわれはこれらを単にモードと呼ぶことにする。

数学的便利さから複素数値場というなじみあるトリックを用いることにする。物理的な場はその実部をとればよい。これはある場のパターンに時間複素指数関数を乗じることを許す。すなわち

$$\left. \begin{array}{l} H(r,\ t) = H(r) e^{i\omega t} \\ E(r,\ t) = E(r) e^{i\omega t} \end{array} \right\}$$

(2.4)

与えられた周波数に対して，モードプロファイル (mode profile) を決める

方程式を見いだすには上式を式 (2.3) に代入する．二つの発散方程式は単純な条件式 (2.5) を与える．

$$\nabla \cdot H(r) = \nabla \cdot D(r) = 0 \tag{2.5}$$

これらの方程式は媒質には電気変位および磁場の湧き出し点あるいは吸い込み点がないという単純な物理的意味をもつ．あるいはまた，電磁場の形態は横偏波でつくり上げられる．すなわち，平面波を $H(r) = a \exp(ik \cdot r)$ とすると，式 (2.5) は $a \cdot k = 0$ を要求する．われわれはつねにこの横偏波性という要請を心にとめている限り，他の二つのマクスウェル方程式に注意を集中することができる．これら二つの回転方程式は $E(r)$ と $H(r)$ を関係づける．すなわち

$$\left. \begin{array}{l} \nabla \times E(r) + \dfrac{i\omega}{c} H(r) = 0 \\[6pt] \nabla \times H(r) - \dfrac{i\omega}{c} \varepsilon(r) E(r) = 0 \end{array} \right\} \tag{2.6}$$

これらの方程式はつぎのように一つの式にまとめることができる．式 (2.6) の下の式を $\varepsilon(r)$ で割り，それから回転をとる．そして $E(r)$ を消去するために式 (2.6) の上の式を用いる．完全に $H(r)$ だけの方程式 (2.7) を得る．

$$\nabla \times \left(\frac{1}{\varepsilon(r)} \nabla \times H(r) \right) = \left(\frac{\omega}{c} \right)^2 H(r) \tag{2.7}$$

これはモードを規定する**マスター** (master) 方程式である．発散方程式 (2.5) を付加して $H(r)$ は完全に決定される．われわれの戦略は以下のとおりである．与えられたフォトニック結晶 $\varepsilon(r)$ に対して横偏波性の要請を課して与えられた周波数に対してモード $H(r)$ を決定するためマスター方程式を解く．そして $E(r)$ を式 (2.6) の第 2 式を用いて求める．

$$E(r) = \left(\frac{-ic}{\omega \varepsilon(r)} \right) \nabla \times H(r) \tag{2.8}$$

ここで $E(r)$ でなく $H(r)$ について問題を定式化する理由は，本章の後の節で検討する．

2.2 固有値問題としての電磁気学

前節で検討したように，混在した誘電媒質中の調和モードに対するマクスウェル方程式の核心部分は式 (2.7) で与えられる $H(r)$ に関する複雑な微分方程式である．この方程式の内容は，関数 $H(r)$ に一連の操作を実行することであり，もし $H(r)$ が本当に許容された電磁モードであれば，結果は定数×もともとの関数 $H(r)$ になるであろう．この状況は数理物理でしばしば現われ**固有値問題** (eigenvalue problem) といわれる．関数に作用した結果がもともとの関数にある定数を乗じたものになれば，その演算子の**固有関数** (eigenfunction) あるいは**固有ベクトル** (eigenvector) といい，その乗じた定数を**固有値** (eigenvalue) という．

この場合，明確に固有値問題として表すために $H(r)$ に作用する演算子 Θ としてマスター方程式 (2.7) の左辺を式 (2.9) のように規定する．

$$\Theta H(r) = \left(\frac{\omega}{c}\right)^2 H(r) \qquad (2.9)$$

Θ は回転をとり，$\varepsilon(r)$ で割り，それからさらに回転をとるという微分演算子として規定される．すなわち

$$\Theta H(r) = \nabla \times \left(\frac{1}{\varepsilon(r)} \nabla \times H(r)\right) \qquad (2.10)$$

固有モード $H(r)$ は調和モードの場のパラメータであり，その固有値 $(\omega/c)^2$ はそれらのモードの周波数の2乗に比例している．注目すべき一つの重要なことは，演算子 Θ は線形演算子であることである．すなわち，いかなる解の線形結合もそれ自身解なのである．$H_1(r)$ および $H_2(r)$ が同一の周波数の解ならば，α と β を定数として $\alpha H_1(r) + \beta H_2(r)$ も解となる．例えば，あるモードプロファイル $H_1(r)$ が与えられたとすると，単にいたるところ場の強度を2倍することによって同じ周波数をもつ他の正しいモードプロファイルをつくることができる ($\alpha = 2$, $\beta = 0$)．この理由で，単にすべての場所で乗数

倍だけ異なる二つの場のパターンは同一のモードであると考えられる。

われわれの演算子表示はハミルトン演算子の波動関数に作用することによって固有方程式を得る量子力学の場合を彷彿させるものである。量子力学に精通した読者には**ハミルトン演算子**（Hamiltonian）の固有関数のいくつかの鍵となる性質を思い起こすであろう。それらは固有値が実数であり，互いに直交すること，また変分原理によって得ることができ，それらの対称性によって分類できることなどである（例えば，Shanker（1982）を参照されたい）。

これらと同様な有用な性質は，すべてわれわれの電磁気学の定式化に対しても成り立つ。両方の場合において，この性質は主演算子が**エルミート演算子**（Hermitian）として知られる特別の型の線形微分演算子である。次節において，一つ一つこれらの性質を展開していくであろう。われわれは演算子がエルミート演算子であるべき意味はなんであるかを示してこの節を閉じることにする。まず，二つの波動関数の内積に相似させて二つのベクトル場の内積を式 (2.11) で定義する。

$$(\boldsymbol{F},\ \boldsymbol{G}) = \int d\boldsymbol{r} \boldsymbol{F}^*(\boldsymbol{r}) \cdot \boldsymbol{G}(\boldsymbol{r}) \tag{2.11}$$

この定義の簡単な帰結は任意の $\boldsymbol{F}$ および $\boldsymbol{G}$ に対して $(\boldsymbol{F},\ \boldsymbol{G}) = (\boldsymbol{G},\ \boldsymbol{F})^*$ となることに注目しよう。また $(\boldsymbol{F},\ \boldsymbol{F})$ は $\boldsymbol{F}$ 自身が複素関数であってもつねに実数であることに注目しよう。実際 $\boldsymbol{F}(\boldsymbol{r})$ が電磁場システムのある一つの調和モードであるとすると，全体に乗ぜられる一つの定数によって任意のモードの尺度を変える自由度を用いることによってつねに $(\boldsymbol{F},\ \boldsymbol{F}) = 1$ にすることができる。$(\boldsymbol{F}',\ \boldsymbol{F}') \neq 0$ の与えられた $\boldsymbol{F}'$ については次式の $\boldsymbol{F}$ をつくる。

$$\boldsymbol{F}(\boldsymbol{r}) = \frac{\boldsymbol{F}'(\boldsymbol{r})}{\sqrt{(\boldsymbol{F}',\ \boldsymbol{F}')}} \tag{2.12}$$

前の検討から，$\boldsymbol{F}(\boldsymbol{r})$ は実際に単に全体の乗数だけの違いしかないので $\boldsymbol{F}'(\boldsymbol{r})$ と同じモードであり，容易に証明できるように $(\boldsymbol{F},\ \boldsymbol{F}) = 1$ である。これを $\boldsymbol{F}(\boldsymbol{r})$ は**規格化**（normalized）されたという。規格化モードは形式的な議論にとっても役に立つものである。しかしながら，もし場の物理的エネルギ

ーを問題にするようなときには，全体の乗数が重要になる†。

つぎに，ある演算子 Ξ が任意のベクトル場 F および G に対して $(F, \Xi G) = (\Xi F, G)$ を満たすとき，Ξ はエルミート演算子であるという。すなわち，内積をとる前，どんな関数が演算されたかは問題にしない。明らかにすべての演算子はエルミート演算子になるとは限らない。Θ がエルミート演算子であることを示すために，$(F, \Theta G)$ を2度部分積分を行う。すなわち

$$\begin{aligned}(F, \Theta G) &= \int dr F^* \cdot \nabla \times \left(\frac{1}{\varepsilon} \nabla \times G\right) \\ &= \int dr \, (\nabla \times F)^* \cdot \frac{1}{\varepsilon} \nabla \times G \\ &= \int dr \left(\nabla \times \left(\frac{1}{\varepsilon} \nabla \times F\right)\right)^* \cdot G = (\Theta F, G) \end{aligned} \quad (2.13)$$

この部分積分を実行する際，積分境界における場の値を含む表面の項を無視した。これは興味あるすべての場合において，遠距離において場が零に減衰するか，あるいは場が積分範囲内で周期的であるかの二つの場合の一つであるからである。この両方の場合，表面項は消失する。

2.3 調和モードの一般的性質

Θ がエルミート演算子であることがわかったので，Θ が実数の固有値をもたなければならないことを示す。$H(r)$ が固有値 $(\omega/c)^2$ をもつ Θ の固有ベクトルとしよう。$H(r)$ のマスター方程式 (2.7) の内積をとってみる。

$$\left.\begin{aligned} \Theta H(r) &= (\omega^2/c^2) H(r) \\ (H, \Theta H) &= (\omega^2/c^2)(H, H) \\ (H, \Theta H)^* &= (\omega^2/c^2)^*(H, H) \end{aligned}\right\} \quad (2.14)$$

Θ はエルミート演算子であるので，$(H, \Theta H) = (\Theta H, H)$。加えて，内積の定義から任意の演算子 Ξ に対して $(H, \Xi H) = (\Xi H, H)^*$ となることを知っている。これら二つの情報から計算を続けると

† この区別は再度方程式 (2.23) の後に検討を行う。

$$(\boldsymbol{H},\,\Theta\boldsymbol{H})^{*} = (\omega^{2}/c^{2})^{*}(\boldsymbol{H},\,\boldsymbol{H}) = (\Theta\boldsymbol{H},\,\boldsymbol{H}) = (\omega^{2}/c^{2})(\boldsymbol{H},\,\boldsymbol{H}) \\ (\omega^{2}/c^{2})^{*} = (\omega^{2}/c^{2}) \Bigg\}$$

(2.15)

これから $\omega^{2} = \omega^{2*}$, あるいは ω^{2} が実数である. また, 別の議論から ω^{2} はつねに正であることを示すことができる. 式 (2.13) の真ん中の式において $\boldsymbol{F} = \boldsymbol{G} = \boldsymbol{H}$ とおくと, 次式を得る.

$$(\boldsymbol{H},\,\boldsymbol{H})\left(\frac{\omega}{c}\right)^{2} = (\boldsymbol{H},\,\Theta\boldsymbol{H})\int d\boldsymbol{r}\,\frac{1}{\varepsilon}|\nabla\times\boldsymbol{H}|^{2} \tag{2.16}$$

すべての場所で $\varepsilon(\boldsymbol{r}) > 0$ であるので, 右辺の被積分関数はすべての場所において正である. それゆえ, 固有値 ω^{2} は正でなければならず, ω は正となる.

さらに加えて, Θ のエルミート性は二つの異なる周波数 ω_1 および ω_2 をもつ任意の二つの固有モード $\boldsymbol{H}_1(\boldsymbol{r})$ および $\boldsymbol{H}_2(\boldsymbol{r})$ について, その内積が零になることを強いる. 周波数 ω_1 および ω_2 の二つの規格化された固有モード $\boldsymbol{H}_1(\boldsymbol{r})$ および $\boldsymbol{H}_2(\boldsymbol{r})$ を考えよう.

$$\omega_1^{2}(\boldsymbol{H}_2,\,\boldsymbol{H}_1) = c^{2}(\boldsymbol{H}_2,\,\Theta\boldsymbol{H}_1) = c^{2}(\Theta\boldsymbol{H}_2,\,\boldsymbol{H}_1) = \omega_2^{2}(\boldsymbol{H}_2,\,\boldsymbol{H}_1) \\ \rightarrow (\omega_1^{2} - \omega_2^{2})(\boldsymbol{H}_2,\,\boldsymbol{H}_1) = 0 \Bigg\}$$

(2.17)

もし $\omega_1 \neq \omega_2$ ならば, $(\boldsymbol{H}_2,\,\boldsymbol{H}_1) = 0$ とならなければならない. このとき $\boldsymbol{H}_1$ と $\boldsymbol{H}_2$ は**直交モード** (orthogonal modes) という. もし $\omega_1 \neq \omega_2$ ならば, それは**縮退している** (degenerate) といい, $\boldsymbol{H}_1$ と $\boldsymbol{H}_2$ は必ずしも直交する必要はない. 縮退した二つのモードは, たまたま正確に同じ周波数をもつという, 一見したところでは考えられないような一致とも思えることを要求する. 通常, この"一致"を招く対称性が存在する. 例えば, 誘電体の形状が 120°回転の下で不変ならば, 単に 120°回転だけ違ったモードは同じ周波数をもつと期待される. このようなモードは縮退しており, 必ずしも直交する必要はないのである.

しかしながら, Θ は線形演算子であるので, これら縮退モードの任意の線

形結合もそれと同じ周波数でそれ自体一つのモードである。量子力学におけるように，つねに互いに直交する線形結合したものを選び出すことができる（例えば，Merzbacher，1961 の教科書を参考されたい）。このことは，一般的に異なるモードは互いに直交するといってもよい。

直交するという意味を概念的に把握するには，一次元において最も理解しやすい。以下直交性の意味を理解するのに助けになるものとして，数学的に厳密ではないが，おそらく直観的には有用な簡単な説明を記しておく。一変数実関数 $f(x)$ および $g(x)$ が直交することは

$$(f, \ g) = \int f(x)g(x)dx = 0 \tag{2.18}$$

ある意味で，積 fg は少なくともいま関心のある区間にわたって正の部分と負の部分が打ち消し合うように等しくなければならない。したがって正味の積分値は 0 となる。例えば，なじみのある関数の組，$f_n(x) = \sin(n\pi x/L)$ は区間 $x = 0$ から $x = L$ においてすべて直交している。すべては $f_n(x) = 0$ となる異なる数の節点をもっていることに注意しよう。f_n は $(n-1)$ 個の節点をもつ。任意の異なる f_n の積は負になるだけ正になるものがあり，その結果内積は 0 となる。

より高い次元への拡張は，積分が複雑になるのでいささか直観的がきかなくなる。しかし，異なる周波数の直交モードは空間的に異なる数の節点をもつという概念はむしろ一般的に成り立つ。実際，与えられた調和モードは一般的に低周波数モードより多くの節点を含むであろう。これは両端が固定された弦の各振動モードが低次のものより高次のものは多くの節をもつ事情と類似のものである。これについては 5 章における議論で重要になるであろう。

2.4　電磁エネルギーと変分原理

誘電媒質中の調和モードはかなり複雑になりうるものであるが，それらのいくつかの定性的特徴を理解する簡単な手法がある。大雑把にいって，一つのモ

ードは周波数において自分からのものよりも低いモードと直交性を維持しながら、その電気変位エネルギーを高い誘電定数の領域に集中する傾向がある。この直観的な概念は**電磁気変分定理** (electromagnetic variational theorem) における表式に現れ、これは量子力学の変分法と類似したものである。最低周波数モードは、例えば式 (2.19) で与えられる電磁エネルギー汎関数を最小にする場のパターンである。

$$E_t(H) = \frac{1}{2} \frac{(H, \Theta H)}{(H, H)} \tag{2.19}$$

この要請の正当性をみるために、$H(r)$ の小さな変分がエネルギー汎関数にどんな効果をもたらすか考えてみる。$H(r)$ に小さな変位 $\delta H(r)$ が加わったとする。その結果エネルギー汎関数に生じる小さな変化 δE_t はどうなるであろうか。もし、エネルギー汎関数が本当に最小であるならば、ちょうど普通の微分法で極値で導関数が消えるように 0 になるべきである。これを見いだすために、$H + \delta H$ と H におけるエネルギー汎関数を見積もり、それからそれらの差をとる。

$$\left. \begin{aligned} E_t(H + \delta H) &= \frac{1}{2} \frac{(H + \delta H, \Theta H + \Theta \delta H)}{(H + \delta H, H + \delta H)} \\ E_t(H) &= \frac{1}{2} \frac{(H, \Theta H)}{(H, H)} \\ \delta E_t(H) &= E_t(H + \delta H) - E_t(H) \end{aligned} \right\} \tag{2.20}$$

H の物理的に意味をもつ実数部分 H_r を用い、かつ δH の一次より高次の項を無視すると式 (2.21) を得る。

$$\frac{\delta E_t(H)}{\delta H_r} = \frac{1}{(H_r, H_r)} \left(\Theta H_r - \left[\frac{(H_r, \Theta H_r)}{(H_r, H_r)} \right] H_r \right) \tag{2.21}$$

もし、磁場が Θ の固有ベクトルであるならば、括弧の中の量は消えることに注意しよう。それゆえ、最大値あるいは最小値は期待したとおり、E_t は H が調和モードであるとき H の変分に関して停留値をとる。さらに注意深い考察により、最低の電磁場固有モード H_0 は E_t を最小にすることを示すことができる。つぎに低い固有モードは H_r に直交する副集合の中で E_t を最小にす

る，等々であろう．

Θ のモードに有用な特徴づけを与えることに加えて，変分定理は以前に暗示しておいた物理的な洞察を与えてくれる．式 (2.16) を式 (2.19) に代入し，式 (2.8) の関係を用いると

$$E_f(\boldsymbol{H}) = \left(\frac{1}{2(\boldsymbol{H},\boldsymbol{H})}\right) \int d\boldsymbol{r} \frac{1}{\varepsilon} |\nabla \times \boldsymbol{H}|^2$$

$$= \left(\frac{1}{2(\boldsymbol{H},\boldsymbol{H})}\right) \int d\boldsymbol{r} \frac{1}{\varepsilon} \left|\frac{\omega}{c}\boldsymbol{D}\right|^2 \quad (2.22)$$

この表式から，電気変位場 $\boldsymbol{D}$ が高い誘電定数の領域に集中するとき E_f が最小になることがわかる．それゆえ，E_f を最小にするために，ある調和モードは周波数において自分よりも低いモードと直交性を保ちながら，高い誘電率の領域にその電気変位場を集中させる傾向がある．これは以前に暗示しておいたことの発見的学習である．

変分エネルギー汎関数に加えて，電磁気系の二つの他の重要なエネルギーは電場および磁場内に蓄えられる**物理的**エネルギーである．それらは

$$\left.\begin{array}{l} E_D = \left(\dfrac{1}{8\pi}\right) \int d\boldsymbol{r} \dfrac{1}{\varepsilon(\boldsymbol{r})} |\boldsymbol{D}(\boldsymbol{r})|^2 \\[6pt] E_H = \left(\dfrac{1}{8\pi}\right) \int d\boldsymbol{r}\, |\boldsymbol{H}(\boldsymbol{r})|^2 \end{array}\right\} \quad (2.23)$$

で与えられる．

調和モードに対して，$E_D = E_H$ を示すことができるので，時間の経過とともに場のエネルギーは電気変位と磁場の間を調和的に交互に交換する．E_D と E_H は似た形をもっているが，非常に重要な違いがある．式 (2.22) のエネルギー汎関数は分母に規格化項があり，それが場の強度に無関係に電磁波モードを特徴づけることを許す．他方，電場中に蓄えられる物理的エネルギーは，場の強度の 2 乗に比例する．言い換えれば，物理的エネルギーに関心があるならば，全体にかかる乗数がエネルギーを変えてしまうので問題とする場を正規化できないことになる．しかし，モードパターンに関心があるならば，全体にかかる乗数は無関係である．

2.5 なにゆえ電場でなく磁場を用いるのか

前節において，マクスウェル方程式の物理を調和モードの磁場 $H(r)$ モードについての固有値条件に変換を行った。この考え方は，与えられた周波数に対して $H(r)$ を解き，その後式 (2.8) を通じて $E(r)$ を決定するものであった。しかし，逆に式 (2.6) の相互結合方程式によって電場 $E(r)$ を解き，その後式 (2.24) で磁場 $H(r)$ を決定するという別のやり方をするのも等しく可能である。

$$H(r) = \frac{ic}{\omega} \nabla \times D(r) \tag{2.24}$$

なにゆえこのやり方を採らなかったのか。このアプローチでは電気変位場の条件は式 (2.25) のようになる。

$$\left. \begin{array}{l} \Xi D(r) = \nabla \times \left(\nabla \times \dfrac{1}{\varepsilon(r)} D(r) \right) = \left(\dfrac{\omega}{c} \right)^2 D(r) \\ \nabla \cdot D(r) = 0 \end{array} \right\} \tag{2.25}$$

演算子 Ξ は演算子 Θ とは若干異なっている。すなわち，$\varepsilon(r)$ の項の位置が式 (2.7) と比べてみると移動している。事実式 (2.13) と同様の手順で計算してみると，$\varepsilon(r)$ の項の位置が違っているために演算子 Ξ はエルミート演算子になっていない。Θ がエルミートであるための前節のうまい結果は，この場合まったく適用できなくなるのである。二つの方法の一つで解決できるような単なる表面的な相違のようにみえるかもしれない。しかし，結局両方法は意を満たさないのである。まず第一に，式 (2.6) の第 1 式を以下のように書き直すことを試みる。

$$\frac{1}{\varepsilon(r)} \nabla \times \left(\nabla \times \frac{1}{\varepsilon(r)} D \right) = \left(\frac{\omega}{c} \right)^2 \frac{1}{\varepsilon(r)} D \tag{2.26}$$

これは一般化した固有値方程式 $\Xi_1 D = (\omega/c)^2 \Xi_2 D$ であり，もはや単純な固有値方程式 $\Xi D = (\omega/c)^2 \Xi$ でない。Ξ_1 および Ξ_2 は共にエルミート演算子であるので，前節の結果は修正された形で従うというのは正しい。しかし，こ

れは通常の固有値問題より一般化された固有値問題を解くという数値解析がずっと難しい仕事になり，実際的でない．

第二の見掛け上で手っ取り早く始末するには，新たに場を式 (2.27) のように定義することである．

$$F(r) = \frac{1}{\sqrt{\varepsilon(r)}} D(r) \tag{2.27}$$

したがって，式 (2.26) は式 (2.28) の形をとる．

$$\frac{1}{\sqrt{\varepsilon(r)}} \nabla \times \left(\nabla \times \frac{1}{\sqrt{\varepsilon(r)}} F(r) \right) = \left(\frac{\omega}{c} \right)^2 F(r) \tag{2.28}$$

これは単純な固有値方程式であり，微分演算子は正にエルミート演算子である．しかし，新しい場 $F(r)$ は横偏波性の条件を満たさない．横偏波性の要求は数値的に固有値および固有ベクトルの評価において非常に有用であるので，$F(r)$ による定式化は実際的でない．このような理由から，われわれの検討はもっぱら磁場を採用する．

2.6 マクスウェル方程式のスケーリング則

誘電媒質における電磁気学の一つの興味ある特徴は，系が巨視的であるという仮定以外に，基本的長さのスケールが存在しないことである．原子物理学では，ポテンシャルはボーア（Bohr）半径という基本的長さのスケールをもつ．したがって，それらの絶対的な長さのスケールにおいて異なる形態だけが非常に違った挙動をもつ．フォトニック結晶に対しては長さの次元をもつ基本定数が存在しないので，すべての距離が圧縮あるいは拡張によって寸法のみが異なるという電磁気問題の間には一つの簡単な関係がある．

例えば，誘電体 $\varepsilon(r)$ の中に周波数 ω の電磁場固有モード $H(r)$ がある場合を考えてみよう．前節の議論から，マスター方程式 (2.7) を思い出してみる．これを再度記すと

$$\nabla \times \left(\frac{1}{\varepsilon(\boldsymbol{r})} \nabla \times \boldsymbol{H}(\boldsymbol{r}) \right) = \left(\frac{\omega}{c} \right)^2 \boldsymbol{H}(\boldsymbol{r}) \tag{2.29}$$

$\varepsilon(\boldsymbol{r})$ を圧縮あるいは拡張させた誘電媒質 $\varepsilon'(\boldsymbol{r})$ の調和モードにどんなことが起こるか考えてみよう。スケーリングパラメータ s に対して $\varepsilon'(\boldsymbol{r}) = \varepsilon(\boldsymbol{r}/s)$ とおく。$\boldsymbol{r}' = s\boldsymbol{r}$ および $\nabla' = \nabla/s$ を用いて式 (2.29) の変数を変えることができる。その結果は

$$s\nabla' \times \left(\frac{1}{\varepsilon(\boldsymbol{r}'/s)} s\nabla' \times \boldsymbol{H}(\boldsymbol{r}'/s) \right) = \left(\frac{\omega}{c} \right)^2 \boldsymbol{H}(\boldsymbol{r}'/s) \tag{2.30}$$

しかし,$\varepsilon(\boldsymbol{r}'/s)$ は $\varepsilon'(\boldsymbol{r}')$ そのものである。s で割ることによって

$$\nabla' \times \left(\frac{1}{\varepsilon'(\boldsymbol{r}')} \nabla' \times \boldsymbol{H}(\boldsymbol{r}'/s) \right) = \left(\frac{\omega}{cs} \right)^2 \boldsymbol{H}(\boldsymbol{r}'/s) \tag{2.31}$$

を得る。

しかし,上式は $\boldsymbol{H}'(\boldsymbol{r}') = \boldsymbol{H}(\boldsymbol{r}'/s)$ および周波数 $\omega' = \omega'/s$ の正にマスター方程式そのものである。言い換えれば,長さを s だけ変化させた後の新しいモードプロファイルを知ろうと思えば,もとのモードで周波数がその因子だけスケールされることになる。一つの長さのスケールの問題の解は,すべての他の長さのスケールの解を決定する。

この単純な事実は実際にはかなり重要となる。例えば,ミクロンスケールの複雑なフォトニック結晶の微細加工は非常に難しいが,マイクロ波規範のモデルはセンチメートルというずっと大きな長さのスケールとなるので,容易に作製でき試験できる。本節のわれわれの考察は,このモデルは同一の電磁気特性をもつことを保証するものである。

基本的長さのスケールがないと同じように,誘電定数にもまた基本的な値がない。誘電体配置 $\varepsilon(\boldsymbol{r})$ をもつシステムの調和モードがわかっており,すべての場所における誘電定数が一定の因子 $\varepsilon'(\boldsymbol{r}) = \varepsilon(\boldsymbol{r})/s^2$ だけ変わった場合,このシステムのモードになにが起こるか考えてみよう。式 (2.29) 中の $\varepsilon(\boldsymbol{r})$ に対し $s^2\varepsilon'(\boldsymbol{r})$ を代入すると,次式を得る。

$$\nabla \times \left(\frac{1}{\varepsilon'(\boldsymbol{r})} \nabla \times \boldsymbol{H}(\boldsymbol{r}) \right) = \left(\frac{s\omega}{c} \right)^2 \boldsymbol{H}(\boldsymbol{r}) \tag{2.32}$$

新しいシステムの調和モードは変化を受けないが，周波数はすべて因子 $\omega \to \omega' = s\omega$ だけスケールされる．あらゆる場所の誘電定数に 1/4 を掛けると，モードパターンは変化を受けないが周波数は 2 倍になる．

2.7 電気力学と量子力学との対比

本章で取り扱った話題を要約し，そして量子力学に精通している読者の便宜のため，誘電媒質中における電気力学と相互作用のない電子の量子力学との間の類似性について記しておく（**表 2.1** 参照）．この相似性はさらに付録 A において詳細に展開されている．

表 2.1　量子力学と電気力学との比較

場	$\Psi(r,\ t) = \Psi(r)e^{i\omega t}$	$H(r,\ t) = H(r)e^{i\omega t}$
固有値問題	$H\Psi = E\Psi$	$\Theta H = \left(\dfrac{\omega}{c}\right)^2 H$
エルミート演算子	$H = \dfrac{-(h/2\pi)^2 \nabla^2}{2m} + V(r)$	$\Theta = \nabla \times \left(\dfrac{1}{\varepsilon(r)}\nabla \times \ \ \right)$

両者の場合において，場を位相因子 $e^{i\omega t}$ で振動する調和モードに分解する．量子力学においては，波動関数は複素スカラー関数である．電気力学においては，磁場は実数のベクトル場であり，複素指数は単に数学的便宜のためである．

両方の場合において，システムのモードはエルミート固有方程式で決定される．量子力学では，周波数は $E = h\omega/2\pi$ を通して固有値に関係づけられ，全体に共通の定数 V_0 までのときだけ意味がある†．電気力学では，固有値は周波数 2 乗に比例し，他に付加的任意定数がない．

ここでは検討しなかったが，表 2.1 から明らかな一つの相違は，量子力学ではハミルトン演算子は $V(r)$ が分離可能ならば分離可能となる．例えば，$V(r)$ が $V_x(x) + V_y(y) + V_z(z)$ のように単に関数の和であるなら，問題を

---

† ここで h はプランク定数といわれる基本定数で，$h = 6.626 \times 10^{-27}$ erg·s の値をもつ．

三つの手に負える各方向の問題に分離できる。しかし，電気力学ではこのような因数分解は不可能である。微分演算子は Θ であり，$\varepsilon(r)$ が分離可能であっても異なる方向と結合する。これは解析的に解くことをいっそう困難にする。フォトニック結晶の現象を論じるためには，多くの数値解を利用しなければならなくなるのはこのような事情による。

量子力学においては，基底固有状態は典型的には低いポテンシャルの領域に集中した振幅をもっている。一方，電気力学においては，基底モードは高い誘電定数の領域に集中した電気エネルギーをもっている。これらの記述は両方とも変分定理によって定量的になされる。

最後に量子力学では通常，基本的な長さスケールが存在し，スケール因子だけ異なるポテンシャルに対する解を関係づけることを防げる。電気力学はそのような長さスケールの制約がないので，求める解は容易にスケーリングされる。

2.8 さらに進んだ勉強をするには

特に明快な学部学生向けの電磁気学の教科書に Griffiths（1989）がある。巨視的マクスウェル方程式のさらに進んだ完全な記述とそれらを微視的対象からの導出は Jackson（1962）の中にある。われわれの定式化と量子力学のシュレーディンガー方程式との間の類似性を勉強するには，量子力学の入門教科書の最初の数章を読まれるとよい。特に，Shanker（1982），Liboff（1992）および Sakurai（1985）には，ここで行ったのと非常に似た証明法でエルミート演算子の固有状態の性質を展開している。最初の二つは学部学生向けであり，第三のものは大学院レベルである。

3

対称性と固体電磁気学

誘電体構造にある対称性があると，その対称性を用いてそのシステムの電磁波のモードを分類することができる．この章では，システムのいろいろな対称性がその電磁波のモードになにを語りかけるかを研究する．フォトニック結晶は周期的誘電媒質であるので，フォトニックバンドギャップの議論に自然な舞台を用意する並進対象性（離散的であろうが連続的であろうが）は重要である．固体物理の用語のいくつかは，当を得たものであり用いることにする．また，回転，鏡面，反転および時間反転対称性を調べる．

3.1 電磁モードの分類に対称性を用いる

古典力学および量子力学の両者を通して，システムの対称性がそのシステムの一般的挙動に関する記述を可能にすることを学ぶ．前章で進めた数学的アナロジーから，対称性が電磁システムの特性決定に役立つということはあまり驚くべきことでもない．われわれは手始めに対称性の具体的な例とそれから導き出される結論について述べ，その後電磁気学における対称性に関するより形式的な検討を行うことにする．

図 3.1 に示す二次元の金属空洞内で許されるモードを見いだすことを考えてみよう．その形状はある程度任意であり，それゆえ境界条件を正確に課したり，解を明快に解くことは困難であろう．しかしこの空洞は一つの重要な対称性をもっている．すなわち，もしその中心の周りで空洞を反転させても最終的に正確に同じ空洞の形状になる．それゆえなんらかの方法で特定のパターン $H(r)$ が周波数 ω の一つのモードであるとすると，パターン $H(-r)$ もまた

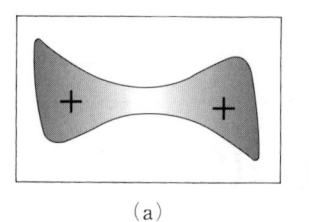

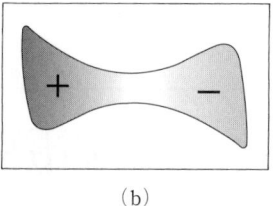

図 3.1 反転対称性をもつ二次元金属空洞。濃い網目は正の磁場を，薄い網目は負の磁場を示す。図（a）は $H(r) = H(-r)$ の偶対称モードが占め，図（b）は $H(r) = -H(-r)$ の奇対称モードが占める場合を示す。

周波数 ω の一つのモードでなければならない。空洞は $-r$ から r になったことを認知することができないので，これら二つのモードを区別することができない。

同じ周波数で異なるモードは縮退しているということを2章で学んだ。もし $H(r)$ が縮退していないならば，$H(-r)$ も同じ周波数をもつので同じモードでなければならない。$H(-r)$ は $H(r)$ に単純な乗数を掛けたもの以外のなにものでもない。すなわち，$H(-r) = \alpha H(r)$。しかし α はなんであろうか。システムを2度反転させると，もう一つ α をとり，元の関数 $H(r)$ に戻る。それゆえ $\alpha^2 H(r) = H(r)$ となり，$\alpha = 1$ または -1 となる。任意の非縮退モード[†1]は以下の二つの型の中のいずれかである。反転に対して不変，$H(-r) = H(r)$，これを偶と呼ぶ。あるいは反転に対してそれ自身の逆，$-H(-r) = H(r)$，これを奇と呼ぶ。これらの可能性を図3.1に示した。系が対称性演算の一つにどのように応答するかに基づいて系のモードの分類を行った。

この例を心にとどめて，この考えを形式的設定に置き換えることができる。ベクトルを反転させる演算子 I を考える。すなわち，$I\boldsymbol{a} = -\boldsymbol{a}$。ベクトル場を反転させるため，ベクトル $\boldsymbol{f}$ とその変数 $\boldsymbol{r}$ の両方を反転させる演算子 O_I を用いる。すなわち，$O_I \boldsymbol{f}(\boldsymbol{r}) = I\boldsymbol{f}(I\boldsymbol{r})$[†2]。われわれの系が反転対称性をもつという数学的記述はどんなものであろうか。

[†1] これは縮退モードについてはあてはまらない。しかし，縮退モードの適当な線形結合をとることによってつねに偶もしくは奇の新しいモードをつくることができる。

3.1 電磁モードの分類に対称性を用いる

反転はわれわれの系の対称性であるから，Θ を演算するか，あるいは最初に座標を反転し，それから Θ を演算してさらにそれらを元に戻すという演算をしてもなにも変化を受けない。これを式で表すと

$$\Theta = O_I^{-1} \Theta O_I \tag{3.1}$$

この方程式は $O_I \Theta - \Theta O_I = 0$ のように書き直すことができる。この役割をちょうど量子力学におけるものと同じように，二つの演算子 A と B の交換子 (commutator) $[A, B]$ として定義する。

$$[A, B] = AB - BA \tag{3.2}$$

交換子はそれ自身演算子であることに注意しよう。われわれの系は反転演算子が Θ と可換（交換できる），すなわち $[O_I, \Theta] = 0$ ときのみ反転の下で対称である。もし，この交換子を系の任意のモード $H(r)$ に演算したとすると，式 (3.3) を得る。

$$\left. \begin{array}{l} [O_I, \Theta]H = O_I(\Theta H) - \Theta(O_I H) = 0 \\ \Theta(O_I H) = O_I(\Theta H) = \dfrac{\omega^2}{c^2}(O_I H) \end{array} \right\} \tag{3.3}$$

この方程式は，もし H が周波数 ω をもつ調和モードなら，$O_I H$ もまた周波数 ω をもつ調和モードであることを示している。もし縮退がなければ，周波数当たりただ一つのモードがあり，それゆえ H と $O_I H$ は乗数因子だけの違いとなる。すなわち，$O_I H = \alpha H$。しかし，これは正に O_I の固有値方程式であり，すでに固有値 α が 1 または -1 であることを知っている。それゆえに反転対称演算 O_I の下で偶 ($H \to + H$) か奇 ($H \to - H$) になるかによって固有ベクトル $H(r)$ を特定できることになる。

---

†2 （前ページ）些細な複雑さがある。というのは H は擬ベクトル（軸性ベクトルともいう）であるが，E はベクトル（極性ベクトルともいう）であるからである。この理由から，反転演算で H は正符号に変換され ($IH = + H$)，他方 E は負符号に変換される ($IE = - E$)。すなわち，$O_I H(r) = + H(- r)$，および $O_I E(r) = - H(- r)$。偶モードは反転 O_I の下で不変なものとして定義される。これは $H(r) = H(- r)$ および $E(r) = - E(- r)$ を意味する。同様に，奇モードは反転 O_I の下で負号をとるものとして定義され，それゆえ $H(r) = - H(- r)$ および $E(r) = - E(- r)$ を意味する。

もし系に縮退があったらどうなるであろうか。そのときは二つのモードは同じ周波数をもつが、単純な乗数倍によって関係づけられないであろう。ここではそれを詳しく述べないが、つねに偶または奇のモードにする縮退モードの線形結合をつくることができる。一般的にいえば、二つの演算子が可換なときはいつでも両方の演算子の同時固有関数をつくることができる。これは O_I のような単純な対称性演算子の固有関数と固有値を容易に決定できるので非常に都合がよい。一方、Θ はそうではない。しかし、Θ がある対称性演算子 S と可換ならば、S の性質を用いて Θ の固有関数をつくり確定することができる。反転対称の場合においては、Θ の固有関数を偶または奇のいずれのものかとして分類できる。並進、回転および鏡面対称を導入する後の節において、このアプローチは役立つことがわかるであろう。

3.2 連続的並進対称性

系がもつもう一つの対称性は連続的並進対称性である。このような系はある方向に一定距離すべてを平行移動しても不変である。この情報が与えられたとして、系のモードの関数の形を決定することができる。並進対称性をもつ系は変位 d による平行移動によって不変である。各 d に対して並進演算子 T_d を定義できる。それは、T_d を関数 $f(r)$ に作用すると d だけ変数をずらすものである。考えている系が平行移動に対し不変であるものとする。したがって $T_d \varepsilon(r) = \varepsilon(r+d) = \varepsilon(r)$、または等価的に $[T_d, \Theta] = 0$。Θ のモードが T_d の下でどのような振る舞いをするかで分類することができる。

z 方向に連続的並進対称性をもつ系は、その方向に対してすべての T_d の下で不変である。どんな種類の関数がすべての T_d の固有関数であるか。関数形が e^{ikz} をもつモードは z 方向に任意の並進演算子の固有関数であることを確かめることができる。すなわち

$$T_d e^{ikz} = e^{ik(z+d)} = (e^{ikd})e^{ikz} \qquad (3.4)$$

対応する固有値は e^{ikd} である。考えている系のモードはすべての T_d の固有

関数でなければならない。よって関数の形が e^{ikz} という z 依存性をもつべきであることを知った。われわれはそれらを**波動ベクトル**（wave vector）k の特別な値によって区分することができる。

三つのすべての方向について連続的並進対称性をもつ系は自由空間 $\varepsilon(r) = 1$ である。上の議論からモードは関数形

$$H_k(r) = H_0 e^{i(k \cdot r)} \tag{3.5}$$

をもたなければならないと結論づけることができる。ただし，H_0 は任意の定数ベクトルである。これは正に H_0 方向に分極した平面波にほかならない。横偏波性の要請を課すと，2章の方程式 (2.5) はさらなる制限 $k \cdot H_0 = 0$ を与える。これらの平面波は実際，固有値 $(\omega/c)^2 = k^2$ をもつマスター方程式の解であることを検証することができる。われわれは k を特定することで平面波を分類し，そのモードが並進操作でどのように振る舞うかを規定する。

もう一つの簡単な連続並進対称性をもつ系は図 3.2 に示す無限の広がりをもつガラス板である。この場合，誘電定数は z 方向には変化するが，x または y 方向には変化しない。すなわち，$\varepsilon(r) = \varepsilon(z)$。この系は xy 面のすべての並進操作の下で不変である。モードを面内の波動ベクトル $k = k_x \hat{x} + k_y \hat{y}$ を用いて識別できる。x および y 依存性は再び平面波様のもの（複素指数関数）でなければならない。したがって

$$H_k(r) = e^{i(k \cdot \rho)} h(z) \tag{3.6}$$

上の方程式のように，xy 面内のベクトルを $\rho = x\hat{x} + y\hat{y}$ によって定義する。関数 $h(z)$ は，z 方向で並進対称性をもたないので理論的に決定できない（横偏波性の条件が h の唯一の制限をつける）。

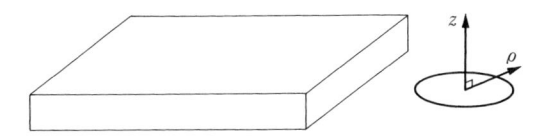

図 3.2　x および y 方向には z 方向に比べてずっと広がっているガラス板。この場合，系は一次元と考えることができる。誘電関数 $\varepsilon(r)$ は z 方向に変化するが，面内座標 ρ 上では一定なものとする。

なぜモードが式 (3.6) のようになるかの理由は直観的な議論で理解できる。同じ z の値をもつが直線上にない三つの近傍の点 r, $r + dx$ および $r + dy$ を考えよう。対称性によって，この三つの点は等しく取り扱うべきであり，また同じ磁場の振幅をもつべきである。唯一の考えられる相違は点の間の位相の変化がありうることである。しかし，いったんこれらの三つの点の位相差を選べばすべての点の間の位相関係が設定される。一つの点における k_x と k_y を事実上特定したが，これらはこの平面内で普遍でなければならない。さもなければ位相関係によって平面内の異なる位置を区別できることになってしまう。しかし，z 方向に沿ってはこの制限は成り立たない。各面はガラス構造の底から違った距離にあり，おそらく異なる振幅と位相をもつことができる。

われわれは k の値でモードを分類できることを知っている。$h(z)$ に関してまだなにもいうことができないけれども，それにもかかわらずモードを（それがなんであれ）増加する周波数の順序に並べることができる。ある与えられた k に対して，n を増加する周波数の順序に特定のモードの場所を表すものとする。したがって任意のモードを一義的に (k, n) で規定することができる。もし縮退があれば，同じ k と n をもつ縮退モードを区別する付加的指標を含めなければならないであろう。

n を**バンド番号** (band number) という。もし多くのモードがあれば，n に対して整数が使えるが，場合によっては n は連続変数をとることもあろう。n の値が大きくなるとモードの周波数は増加する。ガラスの面について波数対モード周波数をプロットすると，異なるバンドは周波数とともに一様に増大する異なる曲線に対応する。この**バンド構造** (band structure) を図 3.3 に示す。これは 2 章のマスター方程式 (2.7) を数値的に解くことによって得られる。

ここでもう少し具体化してみよう。原点を中心とする幅 a のガラスの平面を考える。この場合，y 方向に波動ベクトルをもち，x 方向全体に磁場をもつ特殊なモードに焦点を合わせてみよう。すなわち

$$H_{k_y,n}(r) = e^{i(k_y y)} \phi(z) \hat{x} \tag{3.7}$$

この式を 2 章のマスター方程式 (2.7) に代入し，若干代数計算を行うと，わ

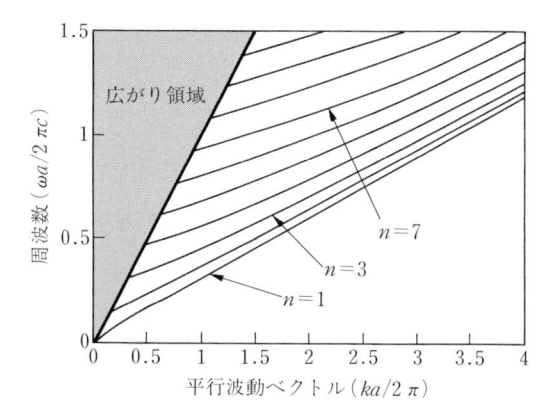

図 3.3 ガラス板（幅：a，誘電定数：$\varepsilon = 11.4$）の調和振動モード周波数。中細線はガラス中に局在化されたモードのバンド n に対応する。網目の領域はガラスとその周りの空気双方に広がる連続状態が存在する範囲である。太い直線は光線 $\omega = ck$ を表す。磁場 $\boldsymbol{H}$ は z および k 方向に垂直に印加。

れわれは条件式 (3.8) を得る。

$$\nabla\cdot\left(\frac{1}{\varepsilon(\boldsymbol{r})}\nabla\phi\right) = \frac{d}{dz}\left(\frac{1}{\varepsilon(z)}\frac{d\phi}{dz}\right) = \left(\frac{k_y{}^2}{\varepsilon(z)} - \frac{\omega^2}{c^2}\right)\phi \tag{3.8}$$

われわれは空気の領域の場の特性に従ってガラス板のモードの全容を示すことができる。二つの重要な場合がある。もし，$\omega > ck_y$ ならば，場は $\phi(z) \propto (\exp(ik_z z))$ のように振動的になり，図 3.3 の網目で示す領域で示したように状態はガラスおよび空気の両方に連続的に広がっている。一方，$\omega < ck_y$ ならば，状態は空気領域で $\phi(z) \propto (\exp(-\varkappa z))$ のように 0 に向かって指数関数的に減衰する。これらの状態は連続的でなく，整数 $n > 0$ で指数付けられる離散的バンドになる。これは誘電体領域におけるモードの数とたまたま等しくなる。大きな k_y に対して周波数は次式で与えられる。

$$\frac{\omega^2}{c^2} \to \frac{k_y{}^2}{\varepsilon} + \frac{n^2\pi^2}{\varepsilon a^2} \quad (k_y,\ a > n\pi) \tag{3.9}$$

これらのモードは，$\varkappa^2 = k_y{}^2 - \omega^2/c^2$ であるので k_y の増加とともに急速に減衰する。広がった状態は図 3.3 の太線の光線 $\omega = ck_y$ の上側にあり，減衰

モードは光線の下側にある。

3.3 離散的並進対称性

フォトニック結晶は通常の原子の結晶と同様，連続的な並進対称性でなく，実際には離散的並進対称性をもつ。すなわち，それらは任意の距離の移動の下で不変でなく，ある固定されたステップ長の整数倍の距離の移動の下でのみ不変となる。このような系の最も簡単な例は**図 3.4** の形態のような一方向に繰り返される構造である。

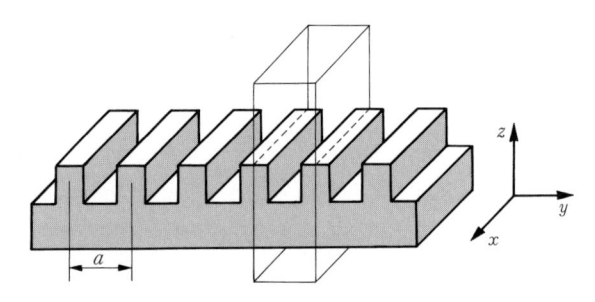

図 3.4 離散的並進対称性をもつ誘電体形態。この系が y 方向に無限に続いており，系を y 方向に a だけずらしても変化しない。この周期系の繰り返される単位を"箱"で示す。この特殊な形態は分布帰還型レーザ (Yariv, 1985) に応用される。

この系に対して x 方向については依然連続的並進対称性をもつが，今回のものは y 方向については離散的並進対称性をもっている。基本ステップ長が**格子定数** (lattice constant) a であり，その基本ステップベクトルを**基本格子ベクトル** (primitive lattice vector) とよぶ。この場合 $\boldsymbol{a} = a\hat{\boldsymbol{y}}$ となる。対称性のため $\varepsilon(\boldsymbol{r}) = \varepsilon(\boldsymbol{r} + \boldsymbol{a})$。これを繰り返すことによって任意の $\boldsymbol{R}$ に対して $\varepsilon(\boldsymbol{r}) = \varepsilon(\boldsymbol{r} + \boldsymbol{R})$ が成り立つ。ただし，$\boldsymbol{R}$ は $\boldsymbol{a}$ の整数倍，すなわち l を任意の整数として $\boldsymbol{R} = l\boldsymbol{a}$ である。周期的に繰り返されると考えている単位誘電体（図中"箱"で示してある）は**単位セル** (unit cell) といわれる。この例では単位セルは y 方向に幅 a をもつ誘電物質の xy 平板である。

3.3 離散的並進対称性

並進対称性のために，Θ は x 方向の並進演算子のすべておよび y 方向の格子ベクトル $\boldsymbol{R} = la\hat{\boldsymbol{y}}$ 並進演算子と可換でなければならない。この知識を用いて，双方の並進演算子の同時固有関数として Θ のモードを規定することができる。前のように，これらの固有関数は平面波である。すなわち

$$\left.\begin{array}{l} T_{d\hat{x}}e^{ik_x x} = e^{ik_x(x+d)} = (e^{ik_x d})e^{ik_x x} \\ T_R e^{ik_y y} = e^{ik_y(y+la)} = (e^{ik_y la})e^{ik_y y} \end{array}\right\} \tag{3.10}$$

われわれは k_x, k_y を規定することによってモードを分類することから始めることができる。しかし，すべての k_y の値が異なる固有値になるとは限らない。波動ベクトルが k_y, および $k_y + 2\pi/a$ の二つのモードを考えてみよう。式 (3.10) に代入してみるとすぐにこれらは同じ T_R の固有値であることがわかる。事実，m を整数として $k_y + m(2\pi/a)$ の形の波動ベクトルをもつすべてのモードは T_R の固有値 $e^{i(k_y la)}$ をもつ縮退の集合を形成する。$b = 2\pi/a$ を整数倍した増加した k_y は，状態を不変に保つ。われわれは，$\boldsymbol{b} = b\hat{\boldsymbol{y}}$ を**基本逆格子ベクトル** (primitive reciprocal lattice vector) と呼ぶ。

これらの縮退した固有関数の任意の線形結合は，それ自身同じ固有値をもつ固有関数であるので，次式のように元来のモードの線形結合をとることができる。

$$\begin{aligned} \boldsymbol{H}_{k_x,k_y}(\boldsymbol{r}) &= e^{jk_x x}\sum_m \boldsymbol{c}_{k_y,m}(z)e^{i(k_y + mb)y} \\ &= e^{ik_x x}e^{ik_y y}\sum_m \boldsymbol{c}_{k_y,m}(z)e^{imby} \\ &= e^{ik_x x}e^{ik_y y}\boldsymbol{u}_{k_y}(y, z) \end{aligned} \tag{3.11}$$

ただし，$\boldsymbol{c}$ は具体的な解によって決定すべき展開係数であり，$\boldsymbol{u}(y, z)$ は構造から y についての周期関数である。式 (3.11) から，$\boldsymbol{u}(y + la, z) = \boldsymbol{u}(y, z)$ を確かめることができる。

y 方向の離散的な周期性は，y の周期関数と平面波の単なる積として $\boldsymbol{H}$ の y 依存性を導く。自由空間にあれば平面波であったものが，格子の周期性のために周期関数で変調されると考えることができる。すなわち

$$\boldsymbol{H}(\cdots, y, \cdots) \propto e^{ik_y y} \cdot \boldsymbol{u}_{k_y}(\cdots, y, \cdots) \tag{3.12}$$

この結果は一般に**ブロッホ定理**（Bloch's theorem）として知られているものである。固体物理学では，式 (3.12) の形は**ブロッホ状態**（Bloch state）として知られ（Kittel, 最新 7 版は 1996 の著書を参照のこと），力学においては**フロッケモード**（Floquet mode）といわれる（Mathews, Walker, 1964 の著書を参照のこと）。本書では前者の呼称を用いる。

ブロッホ状態で重要なことは，波数ベクトル k_y のブロッホ状態と波数ベクトル $k_y + mb$ のブロッホ状態は同一であることである。$b = 2\pi/a$ の整数倍だけ違った k_y は物理的な観点から同じである。それゆえモード周波数もまた k_y で周期的になる。すなわち，$\omega(k_y) = \omega(k_y + mb)$。実際に考える必要のある領域は $-\pi/a < k_y \leq \pi/a$ である。この重要で k_y の値に冗長度のない領域を**ブリユアンゾーン**（Brillouin zone）と呼ぶ。逆格子やブリユアンゾーンになじみのない読者には付録 B はこれらを理解するのに役に立つであろう。

誘電体が三次元で周期的である場合に用いる類似の議論は本筋から若干外れるので，ここでは詳細は割愛して結果だけを要約するにとどめる。この場合，誘電体は三次元の格子ベクトル $\boldsymbol{R}$ による並進移動の下で変化を受けない。これらの格子ベクトルの任意の一つは，三つの基本格子ベクトル ($\boldsymbol{a}_1$, $\boldsymbol{a}_2$, $\boldsymbol{a}_3$) の特定の組合せで書くことができる。これは格子ベクトル空間を張るといわれる。言い換えれば，すべての格子ベクトルは，ある整数 l, m, n に対し $\boldsymbol{R} = l\boldsymbol{a}_1 + m\boldsymbol{a}_2 + n\boldsymbol{a}_3$ となる。付録 B で説明したように，ベクトル ($\boldsymbol{a}_1$, $\boldsymbol{a}_2$, $\boldsymbol{a}_3$) は，$\boldsymbol{a}_i \cdot \boldsymbol{b}_j = 2\pi\delta_{ij}$ になるように定義された三つの基本逆格子ベクトル ($\boldsymbol{b}_1$, $\boldsymbol{b}_2$, $\boldsymbol{b}_3$) をつくる。これらの逆格子ベクトルは波動ベクトルと同じ基本ベクトルによって格子を形成する。

三次元周期系のモードは，波動ベクトル $\boldsymbol{k} = k_1\boldsymbol{b}_1 + k_2\boldsymbol{b}_2 + k_3\boldsymbol{b}_3$ でラベル付けができるブロッホ状態である。ただし，$\boldsymbol{k}$ はブリユアンゾーン内にあるとする。例えば，単位胞が矩形の箱である結晶については，ブリユアンゾーンは $-|\boldsymbol{b}_i|/2 < |\boldsymbol{k}_i| \leq |\boldsymbol{b}_i|/2$ で与えられる。ブリユアンゾーン内の $\boldsymbol{k}$ のそれぞれの値は周波数 $\omega(\boldsymbol{k})$ および式 (3.13) の形の固有ベクトル $\boldsymbol{H}_k$ をもつ固有状態 Θ を規定される。

$$H_k(k) = e^{i(k\cdot r)} u_k(r) \tag{3.13}$$

ただし，$u_k(r)$ は格子についての周期関数，すなわちすべての格子ベクトルに対して $u_k(r) = u_k(r+R)$ である．

3.4 フォトニックバンド構造

一般的な対称性原理から，三次元で離散的な周期性をもつフォトニック結晶の電磁波モードは式 (3.13) で与えられるようなブロッホ状態として書かれることを示唆した．このようなモードに関する情報はすべて波動ベクトル k と周期関数 $u_k(r)$ で与えられる．$u_k(r)$ を解くために，ブロッホ状態を 2 章のマスター方程式 (2.7) に挿入する．結果は

$$\left. \begin{aligned} &\Theta H_k = (\omega(k)/c)^2 H_k \\ &\nabla \times \left(\frac{1}{\varepsilon(r)} \nabla \times e^{i(k\cdot r)} u_k(r) \right) = (\omega(k)/c)^2 \left(e^{i(k\cdot r)} u_k(r) \right) \\ &(ik + \nabla) \times \left(\frac{1}{\varepsilon(r)} (ik + \nabla) \times u_k(r) \right) = (\omega(k)/c)^2 u_k(r) \\ &\Theta_k u_k(r) = (\omega(k)/c)^2 u_k(r) \end{aligned} \right\} \tag{3.14}$$

ここで，Θ_k は代入によって現れた新しいエルミート微分演算子で k に依存する．

$$\Theta_k = (ik + \nabla) \times \left(\frac{1}{\varepsilon(r)} (ik + \nabla) \times \right) \tag{3.15}$$

関数 $u_k(r)$ したがって，モードプロファイルは条件

$$u_k(r) = u_k(r+R) \tag{3.16}$$

を課して式 (3.14) の第 4 番目の方程式における固有値問題によって決定される．周期境界条件のため，固有値問題はフォトニック結晶の単位セル一つに制限されているとみなすことができる．量子力学における "箱の中の電子" 問題から思い出されるように，固有値問題を有限体積に制限することは離散的な固有値のスペクトルをもたらす．各 k の値に対して，離散的に間隔のあいた周

波数をもつモードの無限集合が期待でき，それらをバンド指標 n で分類できる。

k は Θ_k 中のパラメータとして入っているだけであるので，与えられた k に対して各バンドの周波数は k が変化すると連続的に変化すると期待される。このようにして，フォトニック結晶のモードを記述できる。それらは周波数が増加する順にバンド番号 n で指数付けられた連続関数族 $\omega_n(k)$ である。この関数がもつ情報をフォトニック結晶の**バンド構造**という。結晶のバンド構造を調べることは，その結晶の光学特性を予言するに必要な情報のほとんどを与えてくれる。このことは後にわかるであろう。

任意のフォトニック結晶 $\varepsilon(r)$ に対して，バンド構造関数 $\omega_n(k)$ をどのようにして計算できるのであろうか。この要求に利用できる強力な計算技法があるが，本書は方程式を解く数値研究よりも概念とその結果に焦点をおいているので，ここでは詳細に議論しない。本文のバンド構造の作成に用いた計算技法の要旨は付録 D に示してあるが，その技法は式 (3.14) の最後の方程式が各 k の値に対して逐次最小化によって直ちに解くことができる標準的な固有値方程式であるという事実に基づいている。

3.5　回転対称性と既約ブリユアンゾーン

フォトニック結晶は，離散的な並進対称性以外の対称性をもっているかもしれない。また任意の結晶が回転，鏡面反射あるいは反転操作後も不変であるかもしれない。ここでは，**回転対称**（rotational symmetry）をもつ系について導出される結論を調べてみる。

ベクトルを $\hat{n}$ 軸の周りに角度 α だけ回転する演算子 $\Re(\hat{n}, \alpha)$ を考える。$\Re(\hat{n}, \alpha)$ を $\Re$ と略して書く。ベクトル場 $f(r)$ を回転するため，$f' = \Re f$ を与える $\Re$ でもって f を回転する。また，ベクトル場の変数 r も $r' = \Re^{-1} r$ で回転させる。それゆえ $f'(r') = \Re f(r') = \Re f(\Re^{-1} r)$ となる。したがって，ベクトル場の回転演算子 $O_\Re$ を式 (3.17) のように定義する。

3.5 回転対称性と既約ブリユアンゾーン

$$O_\Re \cdot f(r) = \Re f(\Re^{-1} r) \tag{3.17}$$

もし $\Re$ による回転で系が不変ならば，以前やったように Θ と可換，すなわち $[\Theta, O_\Re] = 0$ と結論される。それゆえ，つぎのような操作が実行できる。

$$\Theta (O_\Re H_{kn}) = O_\Re (\Theta H_{kn}) = \left(\frac{\omega_n(\boldsymbol{k})}{c}\right)^2 (O_\Re H_{kn}) \tag{3.18}$$

この式から $O_\Re H_{kn}$ もまた H_{kn} と同じ固有値をもつマスター方程式を満たす。これは回転を受けたモードはそれ自身同じ周波数で許容モードであることを意味している。さらに状態 $O_\Re H_{kn}$ は波動ベクトル $\Re \boldsymbol{k}$ をもつブロッホ状態にほかならないことを証明することができる。これを行うために，$O_\Re H_{kn}$ が固有値 $e^{i(\Re \boldsymbol{k} \cdot \boldsymbol{R})}$ をもつ並進演算子 T_R の固有関数であることを示す必要がある。ただし，$\boldsymbol{R}$ は格子ベクトルである。Θ と $O_\Re$ が可換である事実を用いて以下のように行う。

$$\begin{aligned}
T_R (O_\Re H_{kn}) &= O_\Re (T_{\Re^{-1}R} H_{kn}) \\
&= O_\Re (\exp[i(\boldsymbol{k} \cdot \Re^{-1} \boldsymbol{R})] H_{kn}) \\
&= \exp[i(\boldsymbol{k} \cdot \Re^{-1} \boldsymbol{R})] (O_\Re H_{kn}) \\
&= \exp[i(\Re \boldsymbol{k} \cdot \boldsymbol{R})] (O_\Re H_{kn})
\end{aligned} \tag{3.19}$$

$O_\Re H_{kn}$ は波動ベクトル $\Re \boldsymbol{k}$ をもつブロッホ状態であり，同じ固有値 H_{kn} をもつので，式 (3.20) が成り立つ。

$$\omega_n(\Re \boldsymbol{k}) = \omega_n(\boldsymbol{k}) \tag{3.20}$$

格子に回転対称性があると，周波数バンド $\omega_n(\boldsymbol{k})$ はブリユアンゾーン内部に付加的な冗長性をもつと結論できる。同様にして，フォトニック結晶が回転，鏡面反射，あるいは反転対称性を有するときはいつでも関数 $\omega_n(\boldsymbol{k})$ がそのような対称性をもつことを示すことができる。この対称性操作（回転，反射および反転）の特別な収集は結晶の**点群**（point group）といわれる。

$\omega_n(\boldsymbol{k})$ は点群のすべての対称性を保持しているので，ブリユアンゾーンの各 $\boldsymbol{k}$ 点でそれを考える必要はない。$\omega_n(\boldsymbol{k})$ が対称性によって関係づけられないブリユアンゾーン内部の最小の領域を**既約ブリユアンゾーン**（irreducible Brillourin zone）という。例えば，単純な正方格子の対称性をもつフォトニック

| 実格子 | 逆格子のブリユアンゾーン |

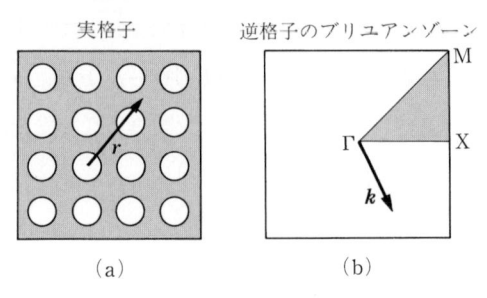

(a) (b)

図 3.5 図(a)は正方格子を用いて作られたフォトニック結晶。図中，任意の位置ベクトル r を示す。図(b)は原点（Γ）を中心とする正方格子のブリユアンゾーン。図中，任意の波動ベクトル k を示す。既約ゾーンは網目の三角形のくさびである。ゾーンの中心，角，表面の特定の点は通常，Γ点，M点，X点と呼ばれる。

結晶では**図 3.5** に示すように $k = 0$ を中心とする正方形のブリユアンゾーンをもつ（付録 B の逆格子とブリユアンゾーンのより詳しい説明を参照のこと）。この場合の**既約ゾーン**（irreducible zone）はブリユアンゾーンの面積の 1/8 にあたる三角形くさびの部分であり，ブリユアンゾーンの残りの部分は既約ゾーンの冗長なコピーである。

3.6 鏡面対称性とモードの分離

フォトニック結晶における鏡面反射対称性は特に注目する価値がある。ある条件の下では Θ_k に対する固有値方程式は，場の分極それぞれについて二つの方程式に分離できる。すぐわかるように，一つの場合は H_k が鏡面に垂直でかつ E_k が平行なものであり，もう一つの場合は H_k が鏡面内で E_k が垂直であるものである。この単純化はモードの対称性に関する直接的な情報を提供するばかりでなく，それらの周波数の数値計算を容易にするので都合がよいものである。

いかにしてこのモードの分離が起こるかを示すために，再度図 3.4 に図示した歯型の誘電体に戻ろう。この系は yz および xz 面に対して鏡面反射の下で

3.6 鏡面対称性とモードの分離

不変である。yz 面内の反射 M_x に注目する（M_x は $\hat{x}$ 方向から $-\hat{x}$ へ変化を受けるが，$\hat{y}$, $\hat{z}$ はそのままである）†。回転演算子と類推から，入力と出力の両者について M_x を用いることによってベクトル場が反射する鏡面反射演算子 O_{M_x} を以下のように定義する。

$$O_{M_x}\boldsymbol{f}(\boldsymbol{r}) = M_x\boldsymbol{f}(M_x\boldsymbol{r}) \tag{3.21}$$

鏡面反射演算子を 2 回適用すると任意の系を元の状態に戻すので，O_{M_x} の可能な固有値は $+1$ および -1 である。誘電体は yz 面の鏡面反射の下で対称的であるので，O_{M_x} は Θ と可換，すなわち $[\Theta, O_{M_x}] = 0$ である。前のように，もしこの交換子に $\boldsymbol{H}_k$ 作用させると，$O_{M_x}\boldsymbol{H}_k$ はまさに反射波動ベクトル $M_x\boldsymbol{k}$ をもつブロッホ状態になっている。すなわち

$$O_{M_x}\boldsymbol{H}_k = e^{i\phi}\boldsymbol{H}_{M_x k} \tag{3.22}$$

ここで，ϕ は任意位相である。この関係は $\boldsymbol{k}$ が $M_x\boldsymbol{k} = \boldsymbol{k}$ でない限り $\boldsymbol{H}_k$ の反射特性にまったく制限をつけない。これが本当ならば，式 (3.22) は固有値問題になり，式 (3.21) を用いて $\boldsymbol{H}_k$ は次式に従わなければならない。

$$O_{M_x}\boldsymbol{H}_k(\boldsymbol{r}) = \pm \boldsymbol{H}_k(\boldsymbol{k}) = M_x\boldsymbol{H}_k(M_x\boldsymbol{r}) \tag{3.23}$$

あからさまには示さないが，電場 $\boldsymbol{E}_k$ も同様の方程式に従い，それゆえに電場および磁場は O_{M_x} の操作の下で偶または奇かのいずれかになる。しかし，われわれの誘電体では任意の $\boldsymbol{r}$ に対して $M_x\boldsymbol{r} = \boldsymbol{r}$ である。それゆえ $\boldsymbol{E}$ はベクトルのように変換され，$\boldsymbol{H}$ は擬ベクトルのように変換されるので，唯一の零でない O_{M_x} 偶モードの場の成分は H_x, E_y と E_z である。奇モードは成分 E_x, H_y と H_z で記述される。

一般的に，反射 M が与えられ $[\Theta, O_M] = 0$ を満足すると，モードの分離は $M\boldsymbol{k} = \boldsymbol{k}$ に対して $M\boldsymbol{r} = \boldsymbol{r}$ でのみ可能となる。式 (3.14) から，Θ_k と O_M は $M\boldsymbol{k} = \boldsymbol{k}$ でない限り可換でない。分極の分離はかなり制限された条件の下でのみ成り立ち，三次元フォトニック結晶解析に対して有用なものでない。

---

† われわれの系に対しては x 軸に垂直な任意の薄片は正しい鏡面になっている。ゆえに結晶中の任意の $\boldsymbol{r}$ について必ず $M_x\boldsymbol{r} = \boldsymbol{r}$ にする平面を見いだすことができる。これは M_y については正しくない。

これは二次元フォトニック結晶に対しては当てはまらない。二次元結晶では，ある平面内では周期的であるが，その平面に垂直な軸に沿っては一様である。その軸を z 軸とすると，操作 $\hat{z} \to -\hat{z}$ は原点の選び方によらず結晶の対称性をもつ。また，二次元ブリュアンゾーン中のすべての波動ベクトル $\bm{k}_{//}$ に対して $M_z \bm{k}_{//} = \bm{k}_{//}$ が成り立つ。したがってすべての分極は (E_x, E_y, H_z) あるいは (H_x, H_y, E_z) のいずれかに分類することができる。前者では電場が xy 面内に閉じ込められており，**TE モード**（横電場）(transverse-electric modes) という。後者は磁場が xy 面内に閉じ込められており，**TM**（横磁場）**モード** (transverse-magnetic modes) という。

3.7 時間反転不変性

もう一つの対称性について少し詳しく議論しよう。これは全体を通して重要な**時間反転対称性**（time-reversal symmetry）である。2 章のマスター方程式 (2.7) の Θ の複素共役をとり，固有値が実数であることを用いると，式 (3.24) を得る。

$$\left.\begin{array}{l}(\Theta \bm{H}_{k,n})^* = \dfrac{\omega_n^2(\bm{k})}{c^2} \bm{H}_{k,n}{}^* \\[6pt] \Theta \bm{H}_{k,n}{}^* = \dfrac{\omega_n^2(\bm{k})}{c^2} \bm{H}_{k,n}{}^*\end{array}\right\} \qquad (3.24)$$

この操作によって $\bm{H}_{k,n}{}^*$ が同じ固有値をもち $\bm{H}_{k,n}$ と同じ方程式を満足することがわかる。しかし，式 (3.13) から $\bm{H}_{k,n}{}^*$ はちょうど $(-\bm{k}, n)$ のブロッホ状態であることがわかる。これから

$$\omega_n(\bm{k}) = \omega_n(-\bm{k}) \qquad (3.25)$$

を得る。

上の関係は任意のフォトニック結晶に対して成り立つ。周波数バンドは結晶が対称性をもたない場合ですら反転対称性をもつ。$\bm{H}_{k,n}$ の複素共役をとることは 2 章の式 (2.4) から証明できるように，マクスウェル方程式のとき t の符

号を反転することと等価である。この理由から，式 (3.25) はマクスウェル方程式の**時間反転対称性**（time-reversal symmetry）の結果であるといえる。

3.8 再度電気力学と量子力学を比較する

前章において，量子力学との相似性についてまとめた。**表 3.1** は周期ポテンシャル中を伝搬する 1 個の電子を含む系とフォトニック結晶中の電磁波モードの系を比較したものである。付録 A にそれらのさらに進んだ相似性を展開してある。

表 3.1 周期系の量子力学と電気力学との比較

離散的並進対称性	$V(\bm{r}) = V(\bm{r} + \bm{R})$	$\varepsilon(\bm{r}) = \varepsilon(\bm{r} + \bm{R})$
交換関係	$[H,\ T_R] = 0$	$[\Theta,\ T_R] = 0$
ブロッホ定理	$\Psi_{kn}(\bm{r}) = u_{kn}(\bm{r})e^{i(k \cdot r)}$	$\bm{H}_{kn}(\bm{r}) = u_{kn}(\bm{r})e^{i(k \cdot r)}$

双方の場合において，系には量子力学ではポテンシャル $V(\bm{r})$ の周期性，電磁波では誘電関数 $\varepsilon(\bm{r})$ の周期性があり並進対称性を有する。この周期性は離散的並進演算子が，前者ではハミルトニアン，後者では Θ で，いずれも問題の主要微分演算子と可換となることを意味する。

並進演算子の固有値を用いて固有状態（Ψ_{kn} また $\bm{H}_{kn}$）を指数付けできる。これらはブリュアンゾーンの波動ベクトル $\bm{k}$ とバンドの番号 n によってラベル付けできる。すべての固有状態はブロッホ形式——平面波で変調された周期関数で表される。定性的には，波動は物質を通過するとき多重散乱を受けるが，周期性のため散乱は波面がそろった可干渉性をもつ。したがって場はブロッホ波として可干渉の状態で結晶中を伝わることができる。

3.9 さらに進んだ勉強をするには

最も一般的状況でいうと，対称性の研究は群論あるいはもっと特定化すると表現論といわれる数学的課題である。おそらく，特に物理学の学問に群論の形

式論を応用するときに非常に役に立つ教科書としてつぎのものがある。Harrison (1979) の第1章は固体物理学への，Hamermesh (1962) には量子力学への群論の定理の適用が書かれている。

逆格子，ブリユアンゾーンあるいはブロッホ定理のような概念に不慣れな読者にとって Kittel（最新改定7版は1996）の最初の数章を参考にされると役立つことがわかるであろう。そこには，通常の固体物理学において共通して用いられる概念が紹介されている。加えて本書の付録 B には逆格子とブリユアンゾーンの簡潔な紹介が載せてある。

4

伝統的多層薄膜
──一次元フォトニック結晶──

　われわれはまず手始めに考えられる最も簡単なフォトニック結晶，一次元系について研究してみよう。一次元フォトニック結晶を通過する光の伝搬を理解するために，これまでの章で展開してきた電磁気学と対称性の原理を適用してみる。この単純な系においてすら，フォトニックバンドギャップや欠陥における局在モードといった一般的なフォトニック結晶の重要な特徴を調べることができる。誘電体層の光学特性はなじみあるものであろうが，バンド構造とかバンドギャップとかいう言葉を用いることによって，先々で取り扱うもっと複雑な二次元あるいは三次元系のための準備をしよう。

4.1 多　層　膜

　図 **4.1** に示した最も単純なフォトニック結晶は，異なる誘電定数をもつ材料を交互に積層した膜から構成される。これはそれほど目新しいアイデアでなく，このような多層膜の光学特性は広く研究されてきたものである。あとでわかるように，このフォトニック結晶は，鋭く規定されたギャップ中の周波数をもつ光に対して完全な鏡として作用することができ，もしその構造に欠陥があれば光モードを局在させることができる。この構造は誘電体ミラーや光学フィルタとして共通して用いられているものである（例えば，Hecht と Zajac，1974 を参照のこと）。

　この系を理解する伝統的なやり方は，物質を通過する平面波がその界面で生じる多重反射を考えることである。この章では，これをバンド構造の解析という別のやり方を用いて行う。というのは，この手法はもっと複雑な二次元や三

4. 伝統的多層薄膜

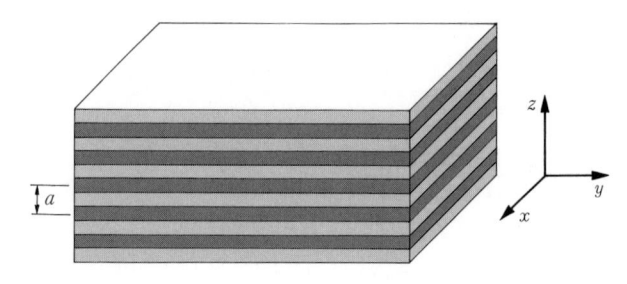

図 4.1 多層膜——一次元フォトニック結晶。"一次元"という語は，誘電体が一方向だけ周期的という事実による（膜が z 方向に限りなく広がっているとする）。異なる誘電定数をもつ物質（濃い網と薄い網）が間隔 a で交互に重ねられた層から成り立っている。

次元フォトニック結晶に一般化することが容易であるからである。

前章の精神で始めよう。対称性の議論を適用することにより，結晶によって保持された電磁波モードを記述することができる。物質は z 方向に周期的で xy 面内では一様であるとする。前章でみたように，面内の波動ベクトル $\mathbf{k}_{//}$，z 方向の波動ベクトル k_z およびバンドの番号 n を用いてモードを指数付けできる。波動ベクトルは，モードの位相が場所によってどのように変化し，またバンドの番号は周波数とともに増加することを教えてくれる。ブロッホ形式でモードを書くと

$$\mathbf{H}_{n,k_z k_{//}}(\mathbf{r}) = e^{i k_{//} \rho} e^{i k_z z} \mathbf{u}_{n,k_z k_{//}}(z) \tag{4.1}$$

ここで，$\mathbf{u}(z)$ は z の周期関数で，R が層の厚さ a の整数倍であれば，$\mathbf{u}(z) = \mathbf{u}(z + R)$ である。結晶は，xy 面内では連続的な並進対称性をもち，それゆえ波動ベクトル $\mathbf{k}_{//}$ は任意の値がとれると仮定できる。しかし，z 方向には離散した並進対称性をもつので，ある有限の区間，一次元ブリュアンゾーンの中に限定される。前の章の処方箋を用いて，基本格子ベクトルを $a\hat{\mathbf{z}}$ とすると，基本逆格子ベクトルは $(2\pi/a)\hat{\mathbf{z}}$，そしてブリュアンゾーンは $-\pi/a < k_z \leq \pi/a$ となる。

4.2 フォトニックバンドギャップの物理的起源

さて，垂直入射で誘電体膜を横切って z 方向に伝搬する光を考えよう。この場合，$k_{/\!/} = 0$ となり，波動ベクトル成分 k_z だけが重要になる。混乱する可能性がないので以下 k_z を k と記すことにする。

図4.2は，三つの異なる多層膜に対する $\omega_n(k)$ をプロットしたものである。図(a)のプロットは，各層が同一の誘電定数，すなわち媒質が完全に均質な場合である。図(b)のプロットは，誘電定数11と12を交互に積層した構造のものであり，図(c)のプロットはより大きな誘電定数差をもつ13と1の場合である[†]。

図(a)のプロットは一様な誘電媒質に対するものであるが，それに人為的に周期 a を割り付けた。しかし，われわれはすでに光の速度は一様な媒質中で

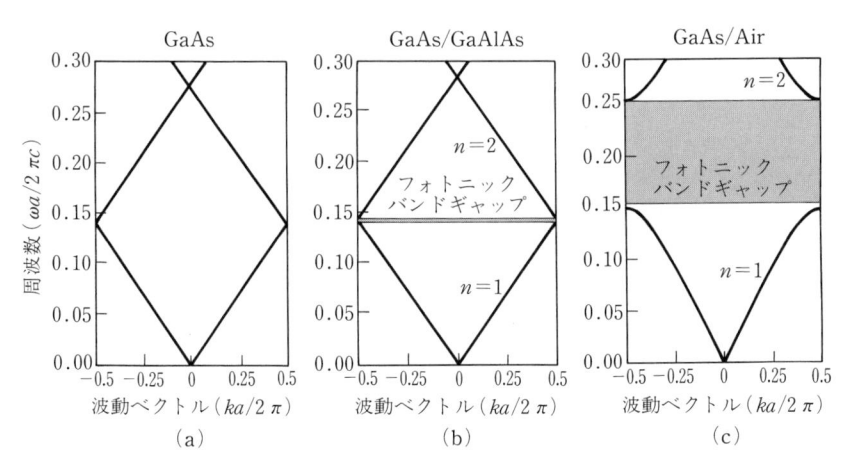

図4.2 軸上伝搬に対する三つの異なる多層膜（各層の厚さ：$0.5a$）のフォトニックバンド構造。図(a)：各層の誘電定数 $\varepsilon = 13$，図(b)：$\varepsilon = 13$ と $\varepsilon = 12$ を交互に積層，図(c)：$\varepsilon = 13$ と $\varepsilon = 1$ を交互に積層。

[†] これらの特殊な値はSze (1981) のヒ化ガリウム（GaAs）の静的誘電定数約13とヒ化ガリウム・アルミニウム（GaAlAs）の約12の報告値である。空気の誘電定数は $\varepsilon = 1$ である。

屈折率によって小さくなることを知っている。周波数スペクトルはまさに式(4.2)で与えられる光線である。

$$\omega(k) = \frac{ck}{\sqrt{\varepsilon}} \tag{4.2}$$

k はブリユアンゾーンの外側でそれ自身繰り返すので，それらが端に到達すると光線はゾーンの中へ折り曲げて重ねられる。ほぼ一様な媒質に対する図(b)のプロットには，光線に一つの重要な違いがある。それは光線の上側と下側の分枝間の周波数にギャップがあることである。すなわち，結晶中に k にかかわらずモードが存在しえない周波数ギャップがある。われわれはこのようなギャップを**フォトニックバンドギャップ**（photonic band gap）と呼ぶ。誘電定数のコントラストが増加すると，図(c)で見られるようにギャップの幅はかなり広がっている。

われわれはフォトニックバンドギャップに大いに注意を払おう。それには十分な理由がある。最新の二次元および三次元フォトニック結晶で注目されている応用の多くは，フォトニックバンドギャップの位置と幅によって決まる。例えば，一つのバンドギャップをもつ結晶は，ギャップ中の全部（およびごく一部）の周波数を排除することによって非常に良好な狭帯域フィルタをつくることができる。また，フォトニック結晶からつくられる空洞共振器は，ギャップの周波数に対しては完全反射の壁を形成する。

ここで自然な質問が生じる，どうしてフォトニック結晶にバンドギャップが現れるのかと。このギャップの物理的起源はギャップの直上および直下の状態における電場モードプロファイルを考えることによって理解することができる。バンド $n=1$ と $n=2$ の間のギャップはブリユアンゾーンの端 $k=\pi/a$ で起こる。さしあたっていまの場合，一様な系の小さな摂動である形態に対応する図4.2(b)のバンド構造に焦点を当ててみる。このモードは $k=\pi/a$ に対して，格子定数の2倍の波長 $2a$ をもつ定在波である。

この種の定在波に迫る二つの方法がある。**図4.3**(a)に示すように，波の節を各低 ε 層，あるいは図4.3(b)に示すように各高 ε 層の中に位置づけること

4.2 フォトニックバンドギャップの物理的起源

(a)

(b)

(c)

(d)

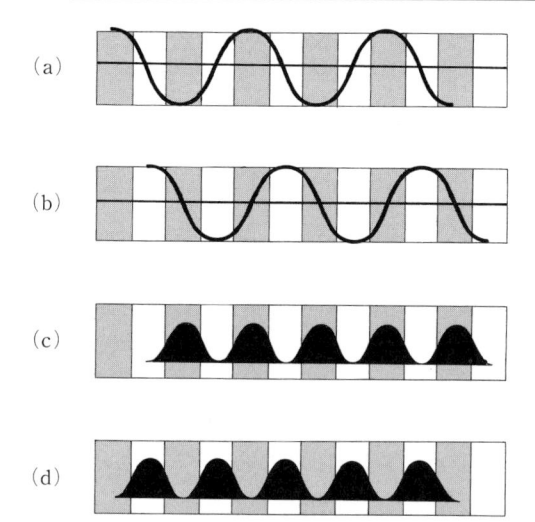

図 4.3 図 4.2(b) の基底バンドギャップに関連したモードの概念図。(a) バンド 1 の電場，(b) バンド 2 の電場，(c) バンド 1 の局所エネルギー，(d) バンド 2 の局所エネルギー。図中，網目の領域は高い誘電定数 ($\varepsilon = 13$) をもつ層を示す。

ができる．他のいかなる位置づけもその周りの単位セルの対称性に反する．

しかし，2 章での電磁変分定理の研究では，低周波数モードは高 ε 領域にそのエネルギーが集中し，高周波数モードは低 ε 領域にそのエネルギーが集中する．このことを心にとどめておくと，なぜ二つの場合の間に周波数の相違があるか理解できる．すなわち，ギャップの直下のモードは図 4.3(c) に示すように $\varepsilon = 13$ の領域に集中した電力をもち，より低い周波数を与える．一方，ギャップの直上のモードは図 4.3(d) に示すように $\varepsilon = 12$ の領域に集中した電力をもち，それゆえ周波数はわずかに上昇する．

バンドギャップの上および下のバンドは，それらのモードの電力が高 ε 領域にあるか低 ε 領域にあるかによって区別することができる．しばしば，低 ε 領域は空気領域である．このため，フォトニックバンドギャップの上のバンドを"**空気バンド**"(air band)，そしてギャップの下のバンドを"**誘電バンド**"(dielectric band) と呼ぶと便利である．この状況は半導体の電子バンド構造

で，"伝導帯"と"荷電子帯"が基本ギャップを囲んでいることと類似している。

変分定理に基づく発見的手法は，大きな誘電コントラストをもつ形態に拡張することができる。両方のバンドの場は最初，高ε層に集中していることがわかる。しかし，違ったやり方として，底のバンドには上のバンドよりずっと場を集中させる。ギャップはこの場のエネルギーが占める位置の違いから生じる。その結果この場合でもまだ上のバンドを空気バンド，下もバンドを誘電バンドと呼ぶことができよう。

一次元において，ギャップはブリュアンゾーンの端またはその中心のどちらかにおいて，それぞれのバンド間に生じると結論される。多層膜のバンド構造を図4.4に示す。最後に，どんな誘電定数のコントラストをもつ一次元フォトニック結晶においてもつねにバンドギャップが現れ，コントラストが小さいほどギャップは小さくなるが，$\varepsilon_1/\varepsilon_2 \neq 1$になるやいなやギャップが開くことに注意しよう。

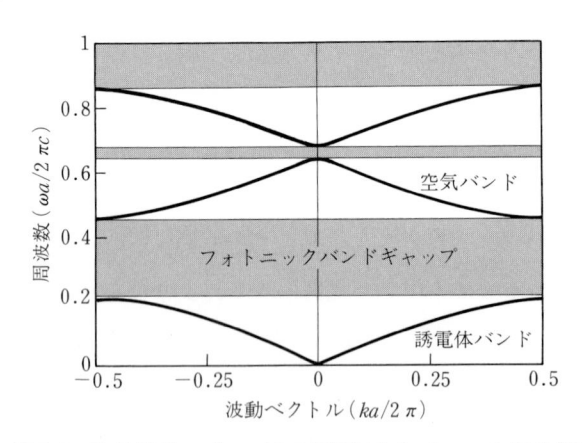

図 4.4 格子定数 a ($\varepsilon = 13$ の層厚：$0.2a$ と $\varepsilon = 1$ 中の層厚：$0.8a$) を交互に積層した多層膜のフォトニックバンド構造

4.3 フォトニックバンドギャップ中のエバネセント波

前節において鍵となる洞察は，結晶の周期性がバンド構造にギャップを導入することであった．ギャップの中ではいかなる電磁波モードの存在も許さない．しかし，このような場合，結晶の外部から表面上に（フォトニック結晶のバンドギャップの周波数をもつ）光波を送り込むときになにが生じるのであろうか．どんなモードに対してもその周波数において純実数の波動ベクトルは存在しえない．その代わり波動ベクトルは複素数になる．

波の振幅は結晶内で指数的に減衰する．フォトニックバンドギャップ中で状態が存在しえないというのは，式 (4.1) で与えられるモードのような広がり状態が存在しえないことを意味する．その代わり，モードは指数的に減衰する**エバネセント**（evanescent）となる．

$$H(r) = e^{ikz}u(z)e^{-\kappa z} \tag{4.3}$$

このモードは式 (4.1) で構成されるモードに似ているが，複素波動ベクトル $k + i\kappa$ をもつ．この波動ベクトルの虚部は長さのスケール $1/\kappa$ で減衰を生じる．

どのようにしてエバネセント波が生じ，そしてなにが κ を決めるのかを考えてみよう．これはギャップの中間近傍におけるバンドを調べることによって達成できる．図 4.2 の右側のプロットに立ち返ってみよう．ゾーンの端 $k = \pi/a$ の周りで $\omega_2(k)$ を k のベキに展開することによってギャップ近くの上（第二）のバンド（$n = 2$）を近似することを試みる．時間反転対称性により，k の奇数ベキ項を含まないので，その最低次項は

$$\Delta\omega = \omega_2(k) - \omega_2\left(\frac{\pi}{a}\right) = \alpha\left(k - \frac{\pi}{a}\right)^2 = \alpha(\Delta k)^2 \tag{4.4}$$

ここで，どこで複素波動ベクトルが生じるかを知ることができる．ギャップの頂上よりわずかに高い周波数に対して，$\Delta\omega > 0$ である．この場合 Δk は実数でありバンド $n = 2$ の中にある．しかし，ギャップの中にある $\Delta\omega < 0$ に

対しては，Δk は純虚数になる。この状態は $\Delta k = i\kappa$ であるので指数的に減衰する。ギャップを横切るとともに，減衰定数 κ は周波数がギャップ中心に到達するとともに増大し，それから下のバンド端で消滅する。この振る舞いを図 4.5 に示した。

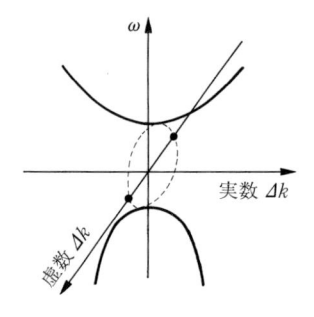

図 4.5 多層膜の複雑なバンド構造の模式的図示。上と下の太線はそれぞれバンド 2 の底とバンド 1 の頂上に対応する。エバネセント状態は点線の上で生じる。最大減衰は大雑把にいってバンドギャップの中心で起こる。

エバネセントモードは固有値問題の純粋な解であるが，結晶の並進対称境界条件を満足しないことを強調する必要がある。これらの波は無限の広がりの完全結晶には励起しない。しかし，欠陥もしくは完全結晶の端はこのようなモードが維持されるであろう。（指数的に減衰するが）一つあるいはそれ以上多くのエバネセントモードは与えられた結晶欠陥の構造と対称性に一致するであろう。そのような場合，フォトニックバンドギャップ内に局在したエバネセント光を生成することができる。そして，大ざっぱにはギャップ端よりギャップ中央付近によりしっかりした局在状態をつくることができる。

もちろん，一次元フォトニック結晶は図 4.6 に示したように与えられた面近傍にのみ状態を局在することができる。次節において，"欠陥における局在モード"を取り上げ，欠陥がフォトニック結晶体内部の深部にあるときのこのような状態の性質について検討を行う。しかしある環境の下では，エバネセントモードを結晶表面に存在させることができる。これを**表面状態**（surface state）といい，この章の終わりにこの状態について検討を行う。

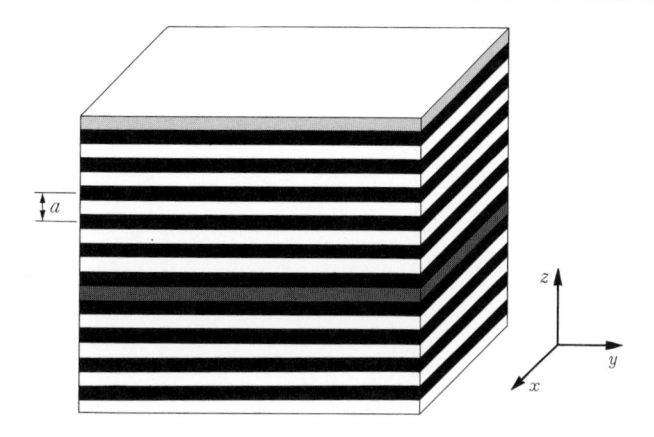

図 4.6 一次元フォトニック結晶に対する可能な局在状態の位置の模式図。状態は平面的で z 方向で対称性が破られる黒色と白色をつけた付近で局在化されるであろう。薄い網目をつけた結晶の端でのモードを表面状態、濃い網目をつけた結晶内部でのモードを欠陥状態という。

4.4 軸はずれの光伝搬

これまでわれわれは $k_{//} = 0$, すなわち z 方向にのみ伝搬するモードで起こる一次元フォトニック結晶について考察してきた。この節では軸はずれモードについて検討を行うことにする。図4.7 は図4.4 の説明の中で述べた一次元フォトニック結晶について、$k = k_y \hat{y}$ をもつモードのバンド構造を示したものである。

軸伝搬と軸はずれ伝搬との間の最も重要な違いは、すべての可能な k を考えると軸はずれ伝搬についてはバンドギャップが存在しないことである。多層膜については、軸はずれ方向は光をコヒーレントに散乱し分裂がギャップを開く周期的な誘電体領域を含まないために、つねにこのような結果になるのである。

もう一つの相違はバンドの **縮退**（degeneracy）をもっていることである。軸上伝搬に対しては、電場は xy 面内に向いている。x 方向および y 方向とす

4. 伝統的多層薄膜

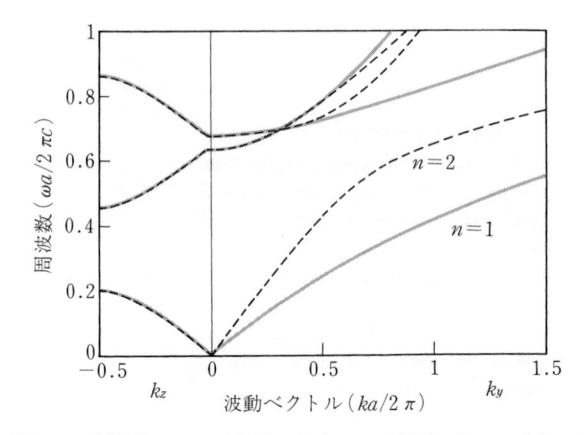

図 4.7 多層膜のバンド構造。軸上バンド構造 $(0, 0, k_z)$ は図の左側に，軸はずれのバンド構造 $(0, k_y, 0)$ は右側に示してある。軸上では，バンドは重なっており，状態は縮退している。k_y に沿って，バンドははっきりと二つの分極に分裂する。太い網線は電場が x 方向を指して分極されたモードを，点線は yz 面内で分極したモードを示す。層を構成する物質は図 4.4 で用いたものと同一である。

る二つの基本的な分極を選ぶことができるであろう。これら二つのモードは単に結晶が有する回転対称だけが違うので，それらは縮退していなければならない（いかにして結晶はこの二つを区別できるのか）。

しかし，いくらか軸はずれの k 方向に対しては，この対称性は破綻してしまう。縮退が解けるのである。他の対称性がある。例えば，yz 面による反射の下で不変な系に注目する。y 方向に誘電層を通過伝搬する特別な場合に対して，3 章の対称性の検討から可能な分極は x 方向または yz 面内であることを知っている。しかし，これらの二つのバンド間には回転対称関係がない。それゆえこれらは一般に異なる周波数をもつであろう。図 4.7 にこの情報のすべてが示されている。

これら二つの分極に対して $\omega(k)$ は異なる傾きをもつけれども，両者は長波長（$k \to 0, \omega \to 0$）では近似的に直線的である。この長波長の挙動は幾何学的形状あるいは次元にかかわらずすべてのフォトニック結晶がもつ特徴である。すなわち

$$\omega_\nu(\boldsymbol{k}) = c_\nu(\hat{\boldsymbol{k}})k \tag{4.5}$$

ここで，ν は二つの可能な分極，もしくは等価的に最初の二つのバンドの指標づけである。一般に，c_ν は $\boldsymbol{k}$ またはバンド指標に依存するであろう。

ではなぜ分散が長波長でつねに線形であるのであろうか。それは長波長で電磁波は結晶格子の微細構造を感知できないからである。その代わり，光は誘電媒質の実効的な一様性を見ている，すなわち結晶中の変化している ε の微視的なコブは波長スケールで滑らかにならされてしまうのである。

媒質は各方向で異なる平均誘電定数をもつ異方的なものであり，それらは例えば電気容量測定における直流電界を加えて測定される実効誘電定数である。典型的には，媒質の各主軸について三つの誘電定数を測定する。たとえ一般的なフォトニック結晶の実効誘電定数の解析的表式が知られていなくても，それらを数値的に計算できる[†]。

多層膜に立ち戻って，なぜ図 4.7 のバンド 1 の x 方向に分極したモードはバンド 2 の yz 面に分極したモードより低い周波数をもつかを考えてみよう。いま一度低いモードは高 ε 領域にその電気エネルギーが集中するという発見的手法を用いる。この場合，各モードの長波長極限に焦点をあてている。

それぞれのバンドの電場を図 4.8 に図式的に示す。x 方向に分極した波動に対しては変位場は高 ε 領域にあるが，長波長においてはバンド 2 の分極は低 ε

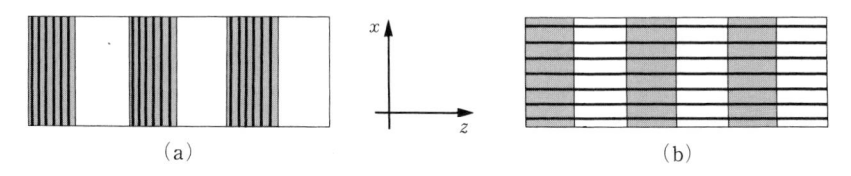

図 4.8　y 方向（紙面に垂直方向）に伝搬する長波長モードの電気変位場のスケッチ。図 (a) で場は x 方向に沿って向いている。図 (b) で場は最初 z 方向に沿って向いている。薄い網目の領域は高 ε 領域を表す。

[†] 一般的なフォトニック結晶の実効誘電定数に対する一つの解析的拘束は Aspens (1982) の書にあるように Weiner 制約条件で与えられる。特に，各実効誘電定数が $\varepsilon_a(a = 1, 2)$ の二つの複合材料に対しては，下式の制約がある。
$$(f_1\varepsilon_1^{-1} + f_2\varepsilon_2^{-1})^{-1} \leq \varepsilon_a \leq f_1\varepsilon_1 + f_2\varepsilon_2$$
ただし，f_1 および f_2 はそれぞれ誘電定数 ε_1 および ε_2 の物質の部分体積である。

領域と高 ε 領域の両方にまたがってほぼ完全に z 方向に沿っている。場の連続性の要請から場を低 ε 領域に浸透を強いられる結果，より高い周波数になるのである。

また，モードの漸近的挙動（短波長，大きな k）も簡単な議論から理解することができる。図 4.7 において，各バンドによって張られる周波数領域，**バンド幅** (bandwidth) は，ゾーンの中心 ($k = 0$) とゾーンの端 ($k = \pi/a$) の間の周波数の差によって決定される。大きな k_y においては，バンド幅は 0 に収縮する。**図 4.9** にこれを図示してある。同図には二つのバンド構造を重ねて示す。中細の線は $\boldsymbol{k} = (0, k_y, 0)$ に沿った状態を表し，点線は $\boldsymbol{k} = (0, k_y, k_z = \pi/a)$ に沿った状態を表す。

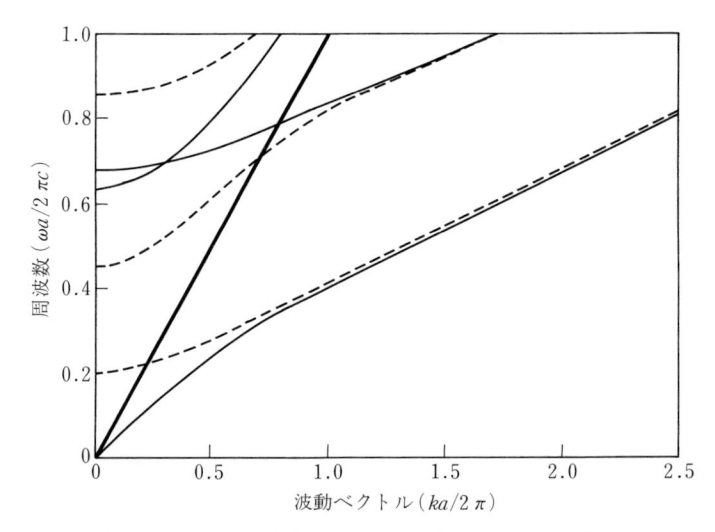

図 4.9 波動ベクトル k_y の変化よってバンド幅がどのように変化するかを示した多層膜の二つ重ねたバンド構造。中細線は $(0, k_y, 0)$ に沿ったバンドを表し，一方，点線は $(0, k_y, \pi/a)$ に沿ったバンドである。x 方向に沿って向けられた電場のモードだけを示す。太線は光線 $\omega = ck_y$ である。層状物質は図 4.4 で用いたものと同一である。

ガラス板の場合でみたように，一度周波数が光線 $\omega = ck_y$ の下にいくと，モードは真空領域の中で指数関数的に減衰する。それゆえ高 ε 物質の隣り合う層の中のモード間の重なり合いは，指数関数的に 0 に向かう。隣り合う面の

間の結合が小さければ，その隣とは無関係にそれぞれのモードを導波する[†]。この場合，軸上の波数ベクトルの依存性は消失し，バンドの中の各モードは高εの層に捕捉されて導波モードの周波数になる。

4.5 欠陥における局在モード

完全に周期的な系の特徴の理解をもとに，欠陥によって並進対称性が破られた系について調べることができる。一次元フォトニック結晶において，1層の厚さだけが残りのものと違うような欠陥を考えよう。このような系を図 4.10 に示す。これはもはや完全周期性格子ではないが，欠陥から何波長も離れるとモードは前の議論のように振る舞うべきである。

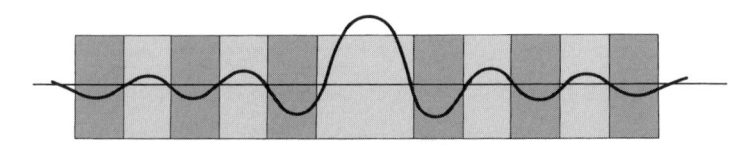

図 4.10 多層膜中に誘電体層の一つを大きくすることによって形成された欠陥。これは二つの完全な多層膜間に中間界面層があると考えることができることに注目しよう。また，欠陥状態に関連した電気変位場の強度をスケッチしてある。

この場合，軸上伝搬に注意を制限し，かつフォトニックバンドギャップ中の周波数 ω をもつ一つのモードを考える。周期格子の内部には周波数 ω の広がりモードがない，そして欠陥の導入によってもこの事実は変化しない。周期性の崩壊は波動ベクトル k をもつ系のモードの記述ができなくなってしまうが，それでもなお，ある周波数は結晶の残りの部分の内部で広がり状態を支えるかどうかを決めるためにバンド構造の知識を活用することができる。このようにして，図 4.11 のように周波数空間を状態が広がり領域とエバネセント領域に分割することができる。

[†] 固体物理学における類似の系は，小さなホッピングの極限における硬い結合模型 (tight-binding model) である。例えば Harrison（1980）を参照のこと。

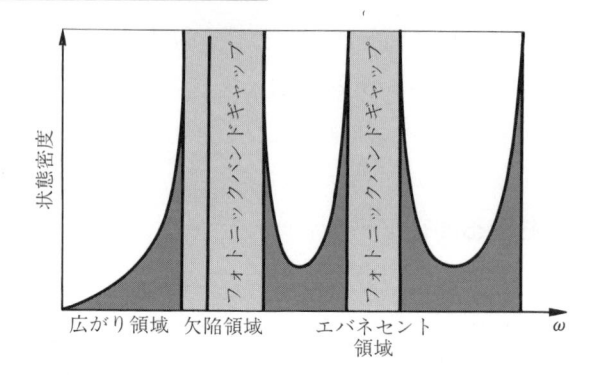

図 4.11 周波数空間を広がりおよびエバネセント状態に分割。このスケッチには，状態密度（周波数当り許容されるモード数）は薄い網目で塗られた結晶のバンドギャップ中で 0 である。エバネセントかつ，欠陥によって並進対称性が破られるときのみモードの存在が許される。このようなモードをギャップ中の太線で示す。

欠陥はフォトニックバンドギャップの内部の周波数をもつ局在モードの存在を許容することができる。もし，ギャップ内の周波数をもつモードは，いったん結晶内に入ると指数関数的に減衰しなければならない。欠陥の両側の多層膜は周波数で規制された鏡のように振る舞う。このような二つの膜がたがいに平行に配置されていれば，任意の z 方向に伝搬する光はこれら二つの鏡の間を行ったり来たりして反射を繰り返すであろう。そして鏡間の距離が光の波長の大きさであると，モードは**量子化**される。この状況は箱の中の粒子の量子力学の問題（Liboff, 1992）や金属空洞内のマイクロ波の電磁気学の問題（Jackson, 1962）に非常に類似したものである。

欠陥層厚が連続的に増加することによって生じる 1 群の局在状態を考えよう。この群を構成する各モードは異なる周波数をもつであろう。高 ε 層の厚さを増すにつれて，場はますます高 ε 領域に集中するので周波数は低下するであろう。さらに，減衰の速さは図 4.5 に示すように，周波数がギャップの中心近傍にあると最大になるであろう。ギャップの中心の周波数をもつ状態は欠陥に最も強く結合するであろう。

系の**状態密度**（density of states）は，ω の単位増加当り許容される状態数

である．もし単一状態がフォトニックバンドギャップ中に導入されるとすると，図 4.11 の系の状態密度は欠陥に関連する単一ピークを除くと 0 である．この性質は**誘電ファブリー・ペローフィルタ**（dielectric Fabry-Perot filter）として知られている帯域フィルタに活用されている．これは特に誘電物質は比較的低損失であるので，可視光周波数で有用である．

この取扱いは異なる間隔をもつ二つの多層膜間の境界層に拡張できる．局在状態は二つの物質のバンドギャップが重なっている限り存在することができる．われわれはまた z 方向には局在化しているが，境界層に沿っては伝搬できる（$k_z = ix$, $k_{//} \neq 0$）状態を得ることも可能である．

4.6 表面状態

多層膜において，どんな条件の下で欠陥に電磁波モードを局在化させることができるかを知った．類似のやり方で，表面でもモードの局在化が可能である．前節においては，周波数は欠陥の両側の膜のフォトニックバンドギャップ内にあったのでモードを拘束できた．しかし表面においては，外部の空気はバンドギャップを示さないので，界面層の一方側にしかバンドギャップはない．

この場合，もし光の周波数が光線以下ならば表面に捕捉される．そのような波動は全内部反射されるものとして考えることができる（**図 4.12** 参照）．表面においてモードが空気および層状物質両方で広がるかあるいは減衰する，そして $k_{//}$ についてすべての可能性を考えなければならない．それに適用されるバンド構造を図 4.13 に示した．われわれはモードの位相空間を空気および結晶領域における挙動によって分類し四つに分割する．例えば，"DE" とラベルをつけた状態は空気域では減衰，結晶域では広がる領域のモードを意味する．

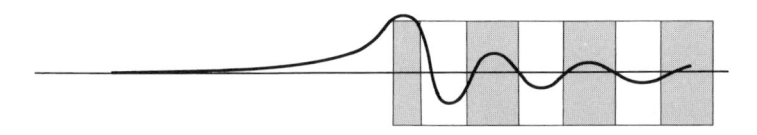

図 4.12　多層膜の表面の局在モードに関係した電場強度

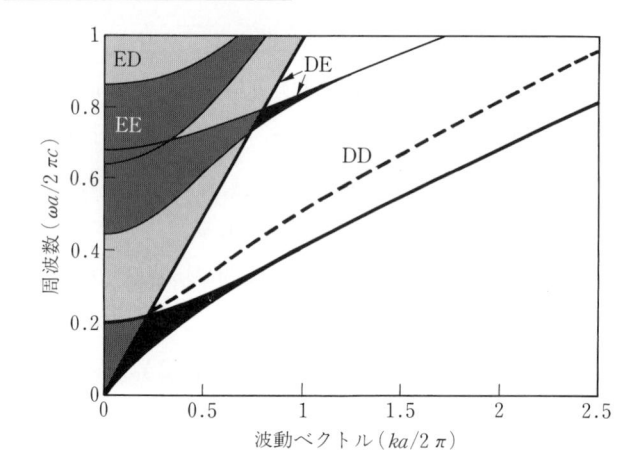

図 4.13 多層膜表面のバンド構造。薄い網目は空気中に広がる状態，太線と黒色部は層物質中にある状態，濃い網目は両方中にある状態を示す。太い点線は中間界面における表面状態のバンドを表す。層状物質は図 4.4 と同一である。表面は幅 $0.1a$ の高誘電層で終端されている。

EE モードは表面の両側に広がっており，ED モードは空気領域では減衰するが結晶の中には広がっている。モードが表面の両側でエバネセントであるときだけ表面波が実現される。それが可能な範囲は DD のラベルをつけた。実際すべての層状物質はある終端に対して表面モードをもつ。この現象は 6 章で再び検討することにする。

4.7 さらに進んだ勉強をするには

われわれが展開してきた定理やフォトニック結晶でみてきた性質の多くは，量子力学や固体物理学と相似性をもっている。これらの分野に精通した読者のために付録 A で両者の相似性を概念ごとに列挙した。

吸収および反射係数を含め多層膜の簡便な取扱いについては Hecht と Zajac（1974）の著書にある。光エレクトロニクス素子における多層膜の利用は最近の文献に多くが掲載されている。例えば Fowles（1975）はファブリ

ー・ペローフィルタにおける利用が概説されている。Yeh（1988，337ページ）には分布帰還レーザへの適用の説明がある。

　バンド構造を計算するための計算手法の詳細は Meade ら（1993）に見いだされる。また，バンド構造計算の別の方法が Ho ら(1990)や Sozuer ら(1992) の著書に概説されている。

5

二次元フォトニック結晶

❖━━━━━━━━━━━━━━━━━━━━━━━━━━━━❖

　これまで一次元フォトニック結晶のいくつかの面白い性質を議論してきたが，本章では結晶が二つの方向に周期性をもち第三の方向には均一である場合に，この状態がどのように変化するか調べよう．フォトニックバンドギャップは周期性のある面内に現れる．この面内を伝搬する光に対して，われわれはそのモードを二つの独立な偏光に分離することができ，そのおのおのに対してバンド構造を議論できる．前と同じようにして，光モードを局在させるために欠陥を導入することができるが，二次元フォトニック結晶では，面状の局在に加えて線状の局在を実現できる．

5.1　二次元のブロッホ状態

　二次元のフォトニック結晶は，二つの空間軸に沿って周期的であり，第三の空間軸に沿って均一である．誘電体円柱の正方格子からなる典型的な試料が図5.1 に示してある．柱間隔のある値に対して，この結晶は xy 面内でフォトニックバンドギャップをもつ．このギャップの中では，広がった状態は許されず，入射光は反射される．しかし，多層膜が垂直入射光のみを反射するのに対し，この二次元フォトニック結晶は面内のいかなる方向から入射する光も反射することができる．

　これまでと同じように，その電磁場モードを描写するために結晶の対称性を用いることができる．系は z 方向に均一なので，その方向に対しては波数ベクトル k_z に制限がなく，モードは振動していなければならないことを知っている．さらに，この系は xy 面内で離散的な並進対称性をもっている．具体

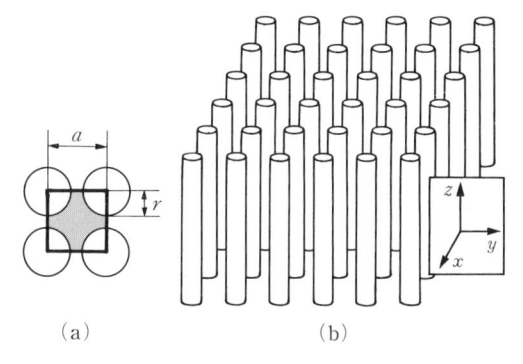

図 5.1 二次元フォトニック結晶。この材料は半径 r, 誘電率 ε をもつ誘電体円柱の正方格子である。この材料は z 方向に均質で（円柱は非常に高いと想定する），かつ x および y 方向に沿って格子定数 a の周期性をもつ。図(a)は上から見た正方格子で，単位セルは太線で枠組みがしてある。

には，$\boldsymbol{R}$ は単純格子ベクトル $a\hat{\boldsymbol{x}}$ と $a\hat{\boldsymbol{y}}$ の任意の線形結合であるとして，$\varepsilon(\boldsymbol{\rho}) = \varepsilon(\boldsymbol{\rho} + \boldsymbol{R})$ である。ブロッホの定理を適用して，ブリュアンゾーン内にある $\boldsymbol{k}_{//}$ の値にわれわれの注意を集中することができる。前と同様にして，周波数の増加する順にモードに指標をつけて区別するために，ラベル n （バンド数）を用いることができる。

k_z, $\boldsymbol{k}_{//}$, n によって結晶のモードを指標化すると，それらはいまでは慣れたつぎの形をとる。

$$\boldsymbol{H}_{(n,k_z,k_{//})}(\boldsymbol{r}) = e^{i\boldsymbol{k}_{//}\boldsymbol{\rho}}e^{ik_zz}\boldsymbol{u}_{(n,k_z,k_{//})}(\boldsymbol{\rho}) \tag{5.1}$$

ここに，$\boldsymbol{u}(\boldsymbol{\rho})$ は，すべての格子ベクトル $\boldsymbol{R}$ に対して，$\boldsymbol{u}(\boldsymbol{\rho}) = \boldsymbol{u}(\boldsymbol{\rho} + \boldsymbol{R})$ なる周期関数である。この系のモードは，4章の式 (4.1) で見た多層膜のモードに似ているように見える。おもな違いは，この場合，$\boldsymbol{k}_{//}$ がブリュアンゾーン内に制限され，k_z は制限されないことである。多層膜では，これら二つのベクトルの役割は逆であった。また，$\boldsymbol{u}$ はいまの場合面内で周期的であるが，多層膜にあった z 方向への周期性はない。

もし $k_z = 0$，したがって光が厳密に xy 面内を伝搬しているとき，系は xy 面についての反射に対して不変である。3章で議論したように，この鏡面対称

性によりモードを二つの異なる偏光に分離して分類できる。横電場（TE）モードは面に対して垂直な H, $H = H(\rho)\hat{z}$ と面内の電場 E, $E(\rho)\cdot\hat{z} = 0$, をもつ。横磁場（TM）モードはちょうどその逆で，$E = E(\rho)\hat{z}$ と $H(\rho)\cdot\hat{z} = 0$ である。

TEモードとTMモードに対するバンド構造はまったく異なる場合がありうる。特に，一方のモードでフォトニックバンドギャップがあるが，他方にはないということもありうる。以下の節で，二つの異なる二次元フォトニック結晶に対してTEとTMバンド構造を調べてみよう。その結果はバンドギャップの発現にいくつかの有用な知見を与えるであろう。

5.2 誘電体円柱の正方格子

図5.1に示すような，誘電体円柱の正方格子アレーの xy 面内を伝搬する光を考えよう。$r/a = 0.2$ であるアルミナ棒（$\varepsilon = 8.9$）からなる結晶に対するバンド構造が図5.2にプロットしてある。TEとTMの両者のバンド構造が

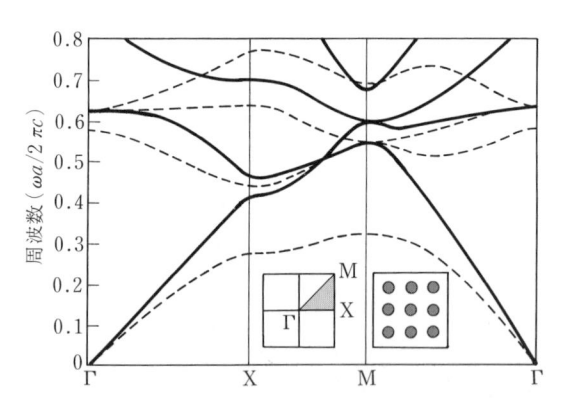

図5.2　$r = 0.2a$ をもつ誘電体円柱正方アレーに対するフォトニックバンド構造。点線のバンドはTMモードを表し，太線のバンドはTEモードを表す。左の挿入図はブリユアンゾーンを示し，既的ゾーンは薄い網で陰影をつけてある。右の挿入図は誘電率関数の断面図（媒体の断面図）で，円柱（$\varepsilon = 8.9$）が空気（$\varepsilon = 1$）中に埋め込まれている。

示されている．水平軸に沿って（必ずしもスケールは必要ない），面内波動ベクトル $k_{//}$ は既約ブリュアンゾーンの端に沿って，図5.2の挿入図にあるように Γ から X そして M へと進む．

これはわれわれが初めて遭遇した複雑なバンド構造を示すフォトニック結晶であるので，少し詳しく議論しよう．特に，$k_{//}$ がブリュアンゾーンの特別な対称点上にあるときのモードの性質を説明し，バンドギャップの発現を調べよう．

図5.2の挿入図にあるように，正方格子アレーは正方形のブリュアンゾーンをもつ．既約ブリュアンゾーンは右上角の三角形をしたくさびであり，ブリュアンゾーンの残りは回転対称性によってこのくさびに関係づけることができる．三つの特別な点 Γ，X そして M は，それぞれ $k_{//} = 0$，$k_{//} = \pi/a\hat{x}$，$k_{//} = \pi/a\hat{x} + \pi/a\hat{y}$ に対応する．これらの点における電磁場モードの場のパターンはどのようなものであろうか．

第1バンド（誘電バンド）と第2バンド（空気バンド）の TM モードの場のパターンを**図5.3**に示す．Γ点におけるモードに対しては，おのおのの単位セルにおいて場は同じである．X点はゾーン端にあるので，場は y 方向に平行な波面を形成しながら，波動ベクトル k_x の方向に沿うおのおのの単位セル中で交互に変動する．M点では，$\hat{x} + \hat{y}$ 方向に伝搬する平面波のように，場の位相は隣り合う単位セル中で交互に変化し唐草模様を形成する．第1バンドと第2バンドの TE モードの場のパターンを**図5.4**に示す．

このフォトニック結晶は TM モードに対して完全なバンドギャップ（第1バンドと第2バンドの間）をもつが，TE モードに対してはバンドギャップをもたないことに注意しよう．この重要な事実を説明できなければならないが，これは図5.3と図5.4の場のパターンを検討することで説明できる．最低の TM モード（誘電バンド）に伴う場は誘電領域に強く集中しており，空気バンドの場のパターンと明確な対照をなしている．すなわち，高 ε 領域から変位場強度を多少排除しながら節点面は誘電体円柱を切断する．

2章で見たように，モードはその周波数を低下させるために，変位エネルギ

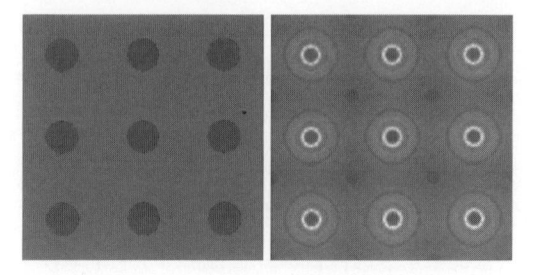

(a) Γ点における **D** の場

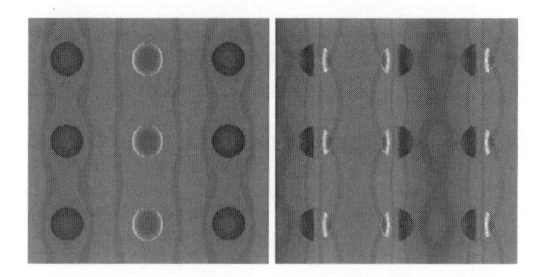

(b) X点における **D** の場

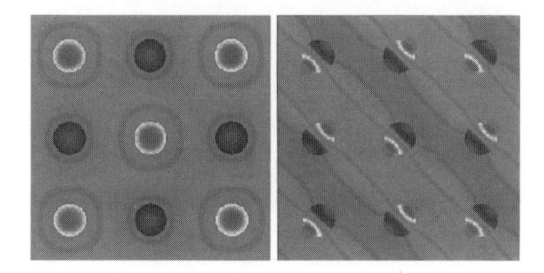

(c) M点における **D** の場

負　　　　　　　　　　　　　正

図 5.3 空気中における誘電体円柱 ($\varepsilon = 8.9$) の正方アレー内における TM モードの電気変位場。色は z 方向の電気変位場強度を示す。図(a)はΓ点，図(b)はX点，図(c)はM点におけるモードである。おのおのの組で左が第1バンドで，右が第2バンドである。M点における第2バンドの場は，1対の縮退した状態の一つである（口絵1参照）。

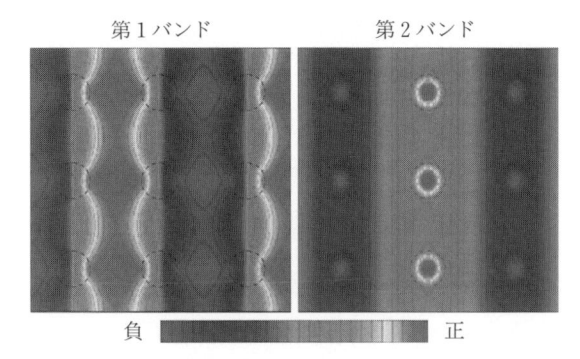

図5.4 空気中における誘電体円柱（$\varepsilon = 8.9$）の正方アレー内における X 点での TE モードの磁場。円柱の位置は破線で示してあり，色は磁場強度を表す。左が誘電体バンド，右が空気バンドである。D は H のノード面に沿って最大であるので，薄い青の領域は誘電エネルギーが集中しているところである。TE モードは xy 面内にある D をもつ（口絵 2 参照）。

ーのほとんどを高 ε 領域に集中させる。この変分原理の記述は，これら二つのバンド間の大きな分離を説明する。第 1 バンドは誘電領域にその電力のほとんどをもち，その結果低い周波数をもつ。第 2 バンドはその電力のほとんどを空気領域にもち，その結果高い周波数をもつ。この主張を定量化することができる。すなわち，高 ε 領域への変位場の集中度を表現する適当な尺度は，次式で定義される充てん因子である。

$$f = \frac{\int_{V\varepsilon=8.9} dr E^*(r) \cdot D(r)}{\int dr E^*(r) \cdot D(r)} \tag{5.2}$$

充てん因子は，高 ε 領域内部に存在する電気エネルギーの割合を測る。**表 5.1** は，われわれが考えている場の充てん因子である。誘電バンドの TM モードは，充てん因子 0.83 をもつ。一方，空気バンドの TM モードの充てん因子は 0.32 のみである。連続するモードのエネルギー分布の違いが TM フォトニックバンドギャップが大きい原因である。

TE モードの充てん因子は TM モードほど大きな差がない。これは図 5.4

表 5.1 誘電体棒正方格子の二つの最低バンドに対するブリユアンゾーン X 点における充てん因子

	TM	TE
誘電バンド	0.83	0.23
空気バンド	0.32	0.09

に示す最低の二つのバンドに対する場の形状に反映されている。われわれは実際には磁場 H をプロットしてきた。それは磁場が TE モードに対してはスカラーであり描画するのが容易なためである。しかし式 (2.8) から，磁場 H の節点面に沿って変位場 D が最も大きいことを知っている。両モードの変位場は空気領域でかなり大きな強度をもっており，モード周波数を上昇させる。しかしこの場合選択の余地はない—すなわち，棒の間に変位場 D の線を収容できる連続的な通路がない。場の線は連続的でなければならず，そのためこれらは空気領域に侵入を強いる。これが低い充てん因子の原因であり，TE モードにバンドギャップが存在しないことの説明である。

電磁場のベクトルとしての性質はこの議論の中心をなす。TE モードのスカラー D_z 場は棒中に局在することができるが，TE モードの連続的な場の線は隣り合う棒を結合するために空気領域に侵入させられる。その結果として，連続する TE モードは明確に異なる充てん因子を示すことができず，バンドギャップは現れない。

5.3 誘電体支脈の正方格子

別の二次元フォトニック結晶は，図 5.5 の挿入図に示す誘電体支脈の正方格子である。ある意味で，この構造は誘電柱の正方格子の相補的なものである。というのも，これは結合された構造のためである。離散的なスポットに代わって，この構造では高 ε 領域が xy 面内で連続的な路を形成している。相補的な特性は図 5.5 のバンド構造に反映される。この場合，TE バンド構造にギャッ

5.3 誘電体支脈の正方格子

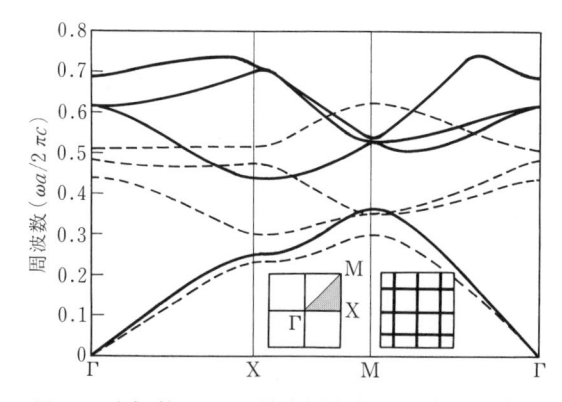

図 5.5 空気中における誘電支脈 ($\varepsilon = 8.9$) の正方アレーにおける最低周波数モードのフォトニックバンド構造。点線は TM バンド，太線は TE バンドである。左の挿入図は既的ブリュアンゾーン（薄い網で陰影がつけてある）のコーナーにおける高対称点を示す。右の挿入図は誘電関数の断面図である。

プが存在するが，TM モードにはない。この逆が誘電柱の正方格子の場合であった。

再びバンドギャップの発現を理解するために，二つの最低バンドのモードの場のパターンに目を向けよう。これらの場は，TM モードと TE モードについて図 5.6 と図 5.7 にそれぞれ示されている。

誘電バンドと空気バンドの TM 場パターンを見ると，両モードともおもに高 ε 領域内に含まれていることがわかる。誘電バンドの場は誘電体が十文字に交わった部分と垂直な支脈に集中しており，空気バンドの場は正方格子のサイトを結合する水平な誘電体支脈に集中している。誘電体支脈の配置のおかげで，連続するモードは両者とも高 ε 領域に集中でき，その結果周波数に大きなジャンプはない。この主張はこの場の形状について充てん因子を計算することで検証される。その結果は**表 5.2** にある。

一方，TE バンド構造は空気バンドと誘電バンド間にフォトニックバンドギャップをもつ。この格子と，TE モードにギャップをもたない誘電柱の正方格子との違いはなんであろうか。この場合，横 D 場の連続的な場の線は高 ε 領

5. 二次元フォトニック結晶

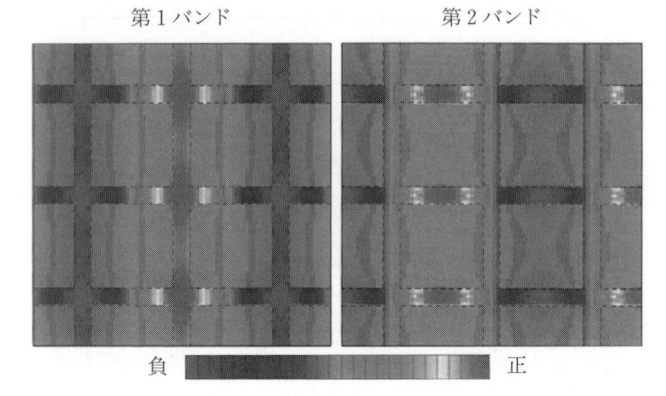

第1バンド　　　　　　　　第2バンド

負　　　　　　　　　　　　正

図 5.6 空気中における誘電支脈（$\varepsilon = 8.9$）の正方アレーに対するX点のTMモードの誘電場。破線は支脈を表し，色はz方向（紙面に垂直）の誘電場強度を示す。左が誘電体バンドで右が空気バンド（口絵3参照）。

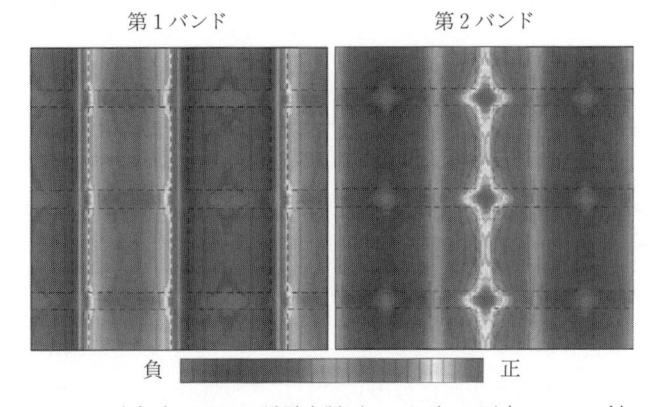

第1バンド　　　　　　　　第2バンド

負　　　　　　　　　　　　正

図 5.7 空気中における誘電支脈（$\varepsilon = 8.9$）の正方アレーに対するX点のTEモードの磁場。破線は支脈を表し，色は磁場強度を示す。左が誘電体バンドで右が空気バンド。D は H の節面近傍（薄い青の領域）で最大であることを思い出そう（口絵4参照）。

表 5.2 支脈正方格子の二つの最低バンドに対するX点における充てん因子

	TM	TE
誘電バンド	89	83
空気バンド	77	14

域を離れることなく隣り合う格子サイトに広がることができる。この支脈は，場に伝搬する高 ε の路を用意し，$n=1$ に対しては場は完全にその中にとどまる。証拠として，図 5.7 はこの最低バンドが垂直な誘電体支脈の中に強く局在していることを示す。

つぎの TE バンド（$n=2$）の D の場は，以前のバンドに直交するように，垂直な高 ε 領域を横切る節をもつ。そのエネルギーの一部（図 5.7 の薄い青（口絵 4 参照）で示してある）は，したがって低 ε 領域にあるように強要され，これがかなり大きな周波数のジャンプに対応する。この過程は，表 5.2 の充てん因子計算によって定量的に指示される。われわれは，誘電バンドに対する大きな充てん因子と空気バンドに対する小さな充てん因子を見いだした。この連続するバンド間の充てん因子のジャンプはバンドギャップの形成に帰結する。この場合，TE バンドギャップの形成にきわめて重要なのは格子の結合性である。

5.4 すべての偏光に対する完全バンドギャップ

前の 2 節では，二次元フォトニック結晶の形状が TM と TE のバンドギャップをもたらすことを理解するために，場のパターンを用いた。場のパターン観察結果を組み合わせることで，両偏光に対してバンドギャップをもつフォトニック結晶を設計することができる。格子の寸法を調整することで，バンドギャップをオーバラップさせることさえできる。これは，すべての偏光に対して完全なバンドギャップに帰着する。

前に，高いモードの節の発現により，誘電体円柱の正方格子の孤立した高 ε スポットが，連続する TM モードに異なる充てん因子を強いることを見いだした。これは，逆に，大きな TM フォトニックバンドギャップを導く。誘電体支脈の格子は高 ε 材料のもっと広がった分布を提供し，その結果充てん因子はもっと一様であった。

一方，支脈の結合性は TE バンド構造にギャップを実現する鍵であった。誘

電体棒の正方格子において，TE モードは低 ε 領域に侵入させられた。というのも，場の線が連続でなければならないためである。その結果，連続するモードの充てん因子は低くかつ両者ともほとんど離れていない。この問題は誘電体支脈の格子の場合には消失した。というのも，場はサイトからサイトへ高 ε の路を流れることができ，より高いモードの付加的な節が大きな周波数ジャンプに対応した。

われわれのおおざっぱな指針をまとめるとつぎのようになる。**TM バンドギャップは孤立した高 ε 領域の格子の中を好み，TE バンドギャップは結合した格子の中を好む。**

誘電材料の孤立したスポットと結合した領域の両者を併せもつフォトニック結晶を設計するのは困難なように思われる。この答は，以下のような一種の折衷案にある。われわれは，実質的に孤立しながら幅の狭い支脈によって結合している高 ε 領域をもつ結晶を想像することができる。このような系の一例は，図 5.8 に示すような空気円柱の三角格子である。

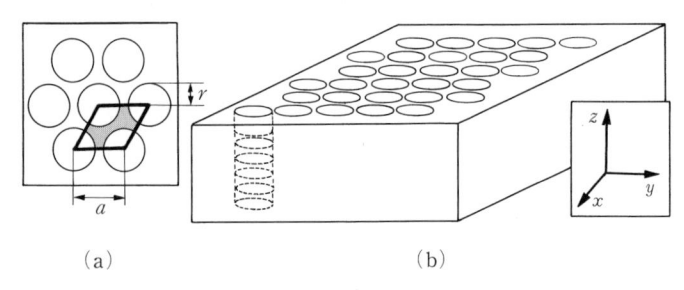

図 5.8 誘電体基板中における空気円柱からなる二次元フォトニック結晶。円柱の半径は r，誘電率は $\varepsilon = 1$ である。図(a)は上から見た三角格子の図で，単位セルは太線で示してある。格子定数は a である。

このアイデアは，低 ε 円柱の三角格子を高 ε をもつ媒体中に入れるというものである。円柱の半径が十分大きければ，円柱間のスポットは高 ε 材料の局在した領域に見え，これらは（円柱間の狭く絞られた領域を通じて）隣り合うスポットに連結する。これは図 5.9 に示されている。

図 5.10 に示してあるこの格子に対するバンド構造は，TE と TM の両偏光

5.4 すべての偏光に対する完全バンドギャップ

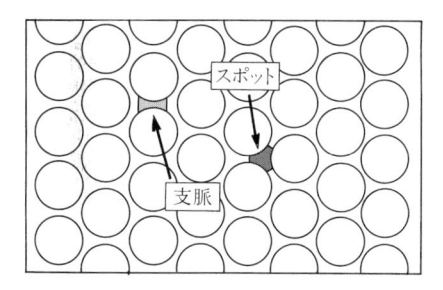

図 5.9 三角格子のスポットと支脈。円柱の間は，三つの円柱で囲まれたスポットを接続する狭い支脈となっている。

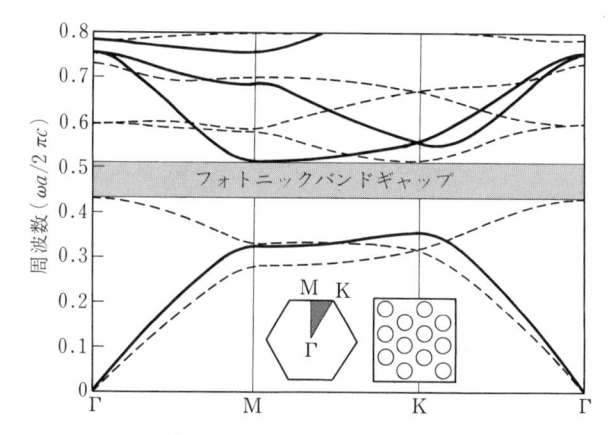

図 5.10 誘電体基板（$\varepsilon = 13$）に孔をあけて形成した空気円柱の三角格子のモードに対するフォトニックバンド構造。点線は TM バンドを表し，太線は TE バンドを表す。挿入図は既的ブリュアンゾーン（薄い網で陰影がつけてある）のコーナーにおける高対称点を示す。完全フォトニックバンドギャップが存在することに注意しよう。

に対してフォトニックバンドギャップをもつ。実際，ある特別の半径 $r/a = 0.48$ と誘電率 $\varepsilon = 13$ の場合，これらのギャップは重なり合う。

フォトニックバンドギャップの広さはその周波数幅 $\varDelta\omega$ で測ることができるが，これはあまり有用な量ではない。2 章からわれわれの結果すべてはスケーリング可能なものであること，そしてその対応する因子 s で展開された結晶中のバンドギャップは幅 $\varDelta\omega/s$ をもつことを思い出そう。結晶のスケールに無

関係なもっと有用な量は，ギャップ-中間ギャップ比である。ω_0 をギャップの中心周波数とし，ギャップ-中間ギャップ比を $\Delta\omega/\omega_0$ で定義する。もしも系がスケールアップあるいはスケールダウンしても，この比は同じ値にとどまる。図 5.10 の完全なフォトニックバンドギャップに対して，ギャップ-中間ギャップ比は 0.186 である。

5.5 面外伝搬

これまでわれわれはもっぱら周期性のある面内を伝搬するモード，したがって $k_z = 0$ のモードについてのみ注目した。しかし，いくつかの応用に対して，われわれは任意の方向の光伝搬を理解しなければならない。前節で議論した格子である空気円柱からなる三角格子の $k_z > 0$ なるモードを考えることで，面外でのバンド構造を調べよう。このフォトニック結晶に対する面外でのバンド構造を図 5.11 に示す。この結晶に対する面外のバンド構造の定性的な特徴の多くは，すべての二次元フォトニック結晶について共通のものである。実際，これらの特徴は，前章で展開した多層膜での対応する概念の自然な拡張といえる。

面外のバンド構造について知っておくべきことの第一は，z 方向の伝搬に対してバンドギャップは存在しないということである。これを簡単に説明すると，その方向に対して結晶は均一であり，散乱は生じないためである。異なる ε 領域からの多重散乱が結局のところバンド構造の原因であることを思い出そう。

またバンドは k_z の増加に伴って平坦になることに注意しよう。図 5.11 の挿入図に，k_z が変化したときの最低バンドの周波数依存性を示す。図 5.10 に示したように，$k_z = 0$ のとき，この最低バンドは広い周波数範囲に及ぶ。k_z が増加すると，最低のバンドは平坦となり，バンド幅，すなわち任意の k_z に対して許される周波数幅はゼロとなる。バンド幅は通常は Γ と K の周波数間の差により決定されるので，図 5.11 は最初のいくつかのバンドに対して $\omega(\Gamma,$

5.5 面外伝搬

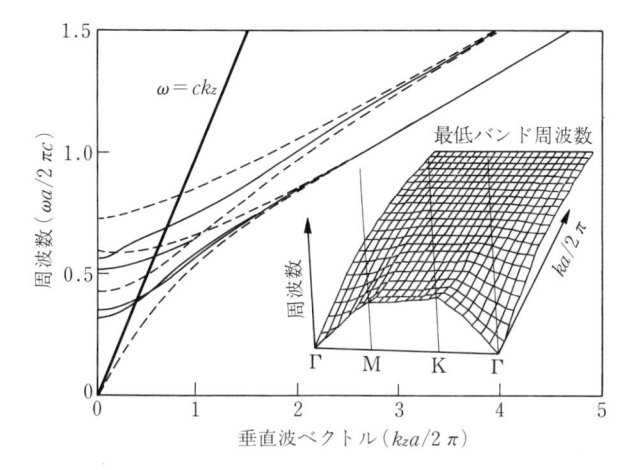

図 5.11 空気円柱の三角格子における最初のいくつかのバンドに対する面外バンド構造。Γ, $\omega(\Gamma, k_z)$ で始まるバンドは点線で示し，K, $\omega(K, k_z)$ ではじまるバンドは中細の線で示してある。太線で示した光線 $\omega = ck_z$ は，空気領域での振動モード ($\omega > ck_z$) と空気領域でのエバネセントモード ($\omega < ck_z$) とを分ける。挿入図は k_z の変化に対する最低バンドの周波数依存性である。k_z が増加すると最低バンドは平坦になることに注意しよう。

k_z) と $\omega(K, k_z)$ の両者を示している。k_z が増加するとき，おのおののバンドのバンド幅は消失する。なぜであろうか。

これは簡単に以下のように説明される。大きな k_z に対して，光ファイバ内部のように，誘電体領域の内部において全反射によって光はトラップされる。隣り合う高 ε 領域でトラップされる光モードはほとんどオーバラップしないので，モードは分離しバンド幅はゼロに縮小する。

これは特に $\omega \ll ck_z$ であるモードに成立する。この状況では，場は高 ε 領域の外で指数関数的に減少し，隣り合う高 ε 領域のモード間のオーバラップは消失する。この振る舞いは，$\omega > ck_z$ に対して大きな分散をもち，$\omega \ll ck_z$ に対しては小さな分散をもつ図 5.11 のバンドに描写されている。

5.6 直線状欠陥による光局在

前にわれわれは面内伝搬に対してバンドギャップをもつ二次元フォトニック結晶を見いだした。そのギャップ中の周波数をもつモードは許されない。状態密度，すなわち単位周波数当りの可能なモードの数はフォトニックバンドギャップ内でゼロである。単一の格子サイトを見いだすことで，ギャップ内の周波数をもつ単一の（局在した）モードあるいは密な間隔で集合したモードが許される。多層膜を調べているときに，このように乱れた面の近くに光を局在化できることを見いだした。

二次元では多くの選択性がある。**図 5.12** に描かれているように，結晶から一つの円柱を取り除くこともできるし，あるいはその円柱を大きさ，形，あるいは誘電率が異なる別のもので置き換えることもできる。ただ一つのサイトだけを乱すことは格子の並進対称性を壊し，その結果（厳密にいうと）もはや面内波数ベクトルによってモードを分類することができない。しかしこの鏡面反射対称性は $k_z = 0$ に対してまだ変わらないので，われわれの注意を面内伝搬

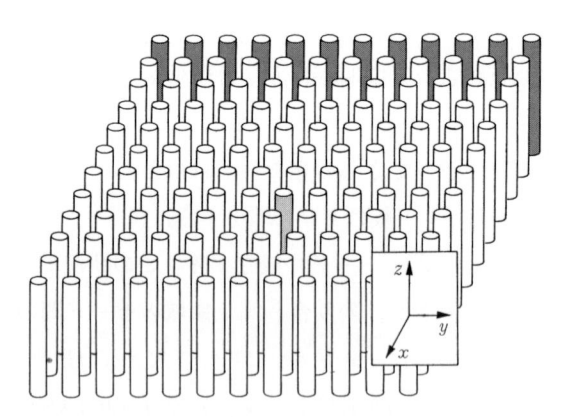

図 5.12 面（yz 面）欠陥と線（z 方向）欠陥の可能なサイトを示す概念図。表面（濃い網目）での円柱列の乱れは表面局在モードの存在を許す場合がある。結晶バルクにおける一つの円柱（薄い網目）の乱れは局在化した欠陥状態の存在を許す場合がある。

5.6 直線状欠陥による光局在

だけに限ると，TE モードと TM モードはやはり分離する．すなわち，前と同じように，二つの偏光に対するバンド構造をそれぞれ独立に議論できる．

一つの円柱を取り除くことは，その結晶の状態密度中にピーク値を導入するであろう．もしそのピーク値がフォトニックバンドギャップの中に生じるならば，その欠陥誘導された状態はエバネセントでなければならない―この欠陥モードは結晶のその他の部分に侵入することができない．というのも，このモードはバンドギャップ中の周波数をもつからである．4 章の解析は二次元の場合に容易に一般化され，その欠陥モードが欠陥から離れるに従って指数関数的に減少するという結論を導く．これらのモードは xy 面内に局在しているが，z 方向には広がっている．

欠陥の局在パワーに対する簡単な説明を再びしよう．フォトニック結晶は，そのバンドギャップのために，ある周波数の光を反射する．その格子から一つの棒を取り除くことで，われわれは実効的な反射壁で囲まれたキャビティを作り出す．そのキャビティがバンドギャップ内のモードを保持するための適切なサイズをもつならば，光は逃げ出すことができず，その欠陥にモードをピン止めすることができる[†1]．

実験[†2]および理論[†3]の両方から調べられた二次元フォトニック結晶（空気中に置かれたアルミナ円柱の正方格子）の局在モードの議論を説明しよう．図 5.1 の無限に長い円柱と異なり，実際の円柱は二つの金属板の間にサンドイッチし，調べている周波数よりも大きなカットオフ TE 周波数を導入した．この金属板はまた $k_{//} = 0$ 伝搬を保証する．このようにして，実験家は $k_{//} = 0$ す

[†1] 半導体物理に精通している読者は，半導体中の不純物の類推からこの結果を理解できる．この場合，原子的な不純物は半導体のバンドギャップ中に局在化した電子状態を形成する．引力ポテンシャルは伝導帯端に状態を作り，反発ポテンシャルは価電子帯端に状態を作り出す．フォトニック結晶の場合では，適した $\varepsilon_{\text{defect}}$ を選ぶことで，バンドギャップ内に欠陥モードを生じさせることができる．電子系の場合には，周波数を予測するための有効質量近似と欠陥モードの波動関数を用いる．おのおのの単位セル内で，波動関数は振動するが，その振幅関数はエバネセントの包絡線で変調される．フォトニック結晶の場合にも類似した取扱いが適用できる．

[†2] McCall ら（1991）を参照

[†3] McCall ら（1993 a）を参照

なわち TM モードのみをもつ系を構築した。

この系の面内バンド構造を図 5.13 に再現する。この系は第 3 バンドと第 4 バンド間にフォトニックバンドギャップをもつ。この章の最初の 2 節で行ったように，その場のパターンを検討することで，第 1 バンドは高 ε 円柱を横切る節面をもたない状態からおもに構成されることを見いだすであろう。分子軌道の用語と類似して，このようなおのおのの円柱内に節のない場のパターンを "σ ライク" と記述しよう。第 2 バンド，第 3 バンドは，おのおのの円柱を横切る一つの節面をもつ "π ライク" な成分からなる。第 4 バンドの下部は，1 円柱当り二つの節面をもつ "δ ライク" な成分からなる（図 5.13 の挿入図参照）。高 ε 領域への節面の追加は低 ε 領域での強度増加に対応し，これは周波数を低減することを思い出そう。

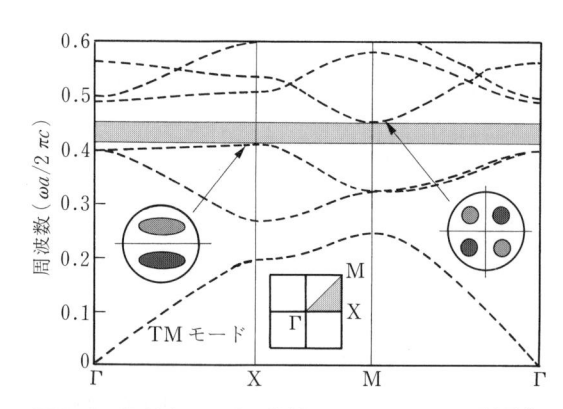

図 5.13 空気中における半径 $r = 0.38a$ をもつ誘電体円柱（$\varepsilon = 8.9$）の正方アレーの TM モード。下方の挿入図は既的ブリュアンゾーン（薄い網目で陰影がつけてある）を示す。他の二つの挿入図はおのおのの円柱中でのモードの場のパターンを示し，濃い網目は正の場，薄い網目は負の場である。左の挿入図は，第 3 バンドに対する π ライクなパターンを示し，右は第 4 バンドに対する δ ライクなパターンを示す。

このアレー中の欠陥は，図 5.14 に示すように，局在モードをもたらす。実験的には，この欠陥は一つの円柱を異なる半径をもつ円柱で置き換えることで生成された。計算上では，この結果は単一円柱の誘電率を変化させることで導

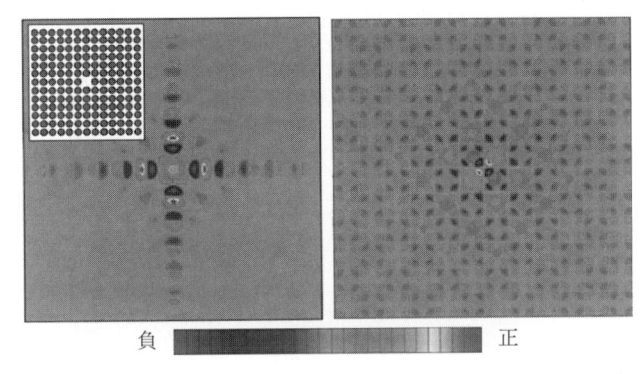

図 5.14 空気中のアルミナ棒（$\varepsilon = 8.9$）の正方格子中における欠陥の周りに局在化した状態の誘電場。色は z 方向の場強度を表す。右の欠陥は一つの棒の誘電率を下げることによって生成した。このモードは 1 円柱当り一つの節をもつ π ライクな要素からなっている。この欠陥は円対称をもつことに注意しよう。右の欠陥は一つの棒の誘電率を増やすことで生成した。このモードは、1 円柱当り二つの節をもつ δ ライクな要素からなっている。この欠陥は、回転操作に対して $f(\rho) = XY$ の関数のように変換する δ_{XY} 対称をもっていることに注意しよう（口絵 5 参照）。

入された。屈折率 $n = \sqrt{\varepsilon}$ の観点から，その欠陥は $\Delta n = n_{\text{アルミナ}} - n_{\text{欠陥}} = 0$ から $\Delta n = 2$（一つの円柱が完全になくなった状態）まで変化した。計算の結果は**図 5.15** に描かれている。

フォトニックバンドギャップは，一つの節線をもつ π バンド状態と，高 ε 領域に二つの節線をもつ δ バンド状態との間である。屈折率が 3 以下ではすぐに状態は π バンドから離れ，フォトニックバンドギャップの中に入る。Δn が 0 から 0.8 の間で増加するとき，この二重縮退モードはギャップを横切って動く。$\Delta n = 1.4$ で，縮退していない状態がギャップの中に入り，ギャップを横切って動き，そして $\Delta n = 1.8$ で δ バンドに侵入する。このモードは δ バンドに入る前の $\Delta n = 1.58$ の場合について，図 5.14 の左図に描かれている。この状態はおのおのの誘電体円柱を横切る一つの節線をもっていることに注意しよう。このことは，この状態が π バンドから出ていくときにもその π ライクな性質をもちつづけることを示している。同様に，$\Delta n < 0$ をもつ欠陥は δ バンドから状態を引き抜く。結果として生じる局在状態は，図 5.14 の右図に

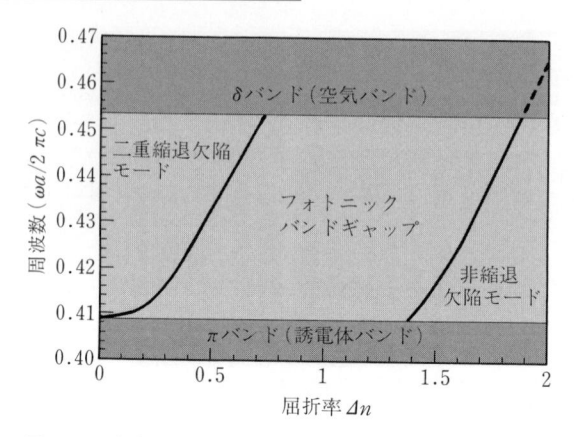

図 5.15 完全な正方格子中における一つの欠陥の屈折率低下に伴う局在モードの変化。屈折率の差 $\Delta n = 0$ は完全な結晶に対応し，$\Delta n = 2$ は一つの円柱を完全に取り除いた状態に対応する。水平の線はバンド端を示している。ギャップ中では周波数（太い線）は局在モードに伴っているが，連続帯の中に入ると（点線）広がった周波数をもつ共鳴となる。$\Delta n = 1.58$ の状態は図 5.14 の右図の場のパターンをもつ。

示すように，1 円柱当り二つの節面をもつ δ ライクな性質をもちつづける。

図 5.15 からわかるように，$\varepsilon_{欠陥}$ が減少するとき，欠陥モードの周波数は増加する。これを理解する簡単な方法は，$\varepsilon(r)$ の小さな変動がモードの周波数に与える影響を調べることである。最も低い次数に対して，規格化された調和モード k の周波数変化は，2 章の式 (2.22) の変分原理を用いて得られる。

$$\left.\begin{array}{l} \delta\left(\dfrac{\omega}{c}\right)^2 = \int d\boldsymbol{r}\, \delta\!\left(\dfrac{1}{\varepsilon(\boldsymbol{r})}\right) |\nabla \times \boldsymbol{H}|^2 \\[6pt] \dfrac{2\omega}{c}\delta\omega = -\int d\boldsymbol{r}\, \left|\dfrac{1}{\varepsilon(\boldsymbol{r})}\nabla \times \boldsymbol{H}\right|^2 \delta\varepsilon(\boldsymbol{r}) \end{array}\right\} \quad (5.3)$$

$\delta\varepsilon$ が負のとき（すなわち誘電体の一部を取り除くとき），それに対応する周波数シフト $\delta\omega$ は正で，状態は π バンド（誘電バンド）の上部から飛び出すことができる。$\delta\varepsilon$ の増加は，状態をギャップの中のより深い位置に押し込む。逆に，$\delta\varepsilon$ が正のとき，周波数シフトは負で，δ バンド（空気バンド）の底部における状態はギャップ中に落ち込むことができる[†1]。

5.6 直線状欠陥による光局在

欠陥は結晶の並進対称性を壊すが，多くのタイプの欠陥は結晶が点対称性を保持することを許す．例えば，図5.14の挿入図で，格子から一つの円柱を取り除いた後で，z軸の周りで結晶を90度回転させても元の状態である．もし欠陥が点対称性を保存するなら，3章で行ったように，欠陥モードの分類に対称性を用いることができる．

例えば，図5.14の左図の欠陥は90度回転で不変なので，$0 < \Delta n < 0.8$でギャップを横切る二重縮退モードの対称性特性を直ちに予測することができる．これらは90度回転のもとで互いに変換する1対のモードでなければならない．というのは，これが周囲の対称性を再現する唯一の二重縮退のやり方であるからである[†2]．

δバンドに到達した後，欠陥モードにはなにが起きるのであろうか．欠陥モードの周波数がδバンドの底部よりも上であるとき，欠陥モードはもはやバンドギャップ内にトラップされず，δバンドを形成する連続状態の中に漏れ出すことができる．この欠陥はもはや真の局在モードを形成しないが，局在状態から連続状態間の滑らかな遷移が期待できるので，モードはまだその場のエネルギーの多くを欠陥の近くに集中させる．しかしこの場合，欠陥は反射壁で囲まれていないので，そのエネルギーはあるレートΓで連続状態の中に漏れていく．このようなモードを**共鳴**[†3]と呼ぶ．欠陥が結晶の状態密度に形成するピ

[†1] （前ページの脚注）この場合と半導体中の不純物の場合との間の類似は，その分野に慣れている読者のためになるであろう．光の波長は空気中よりも誘電体中で短いので，これらの領域は半導体中の深いポテンシャル領域に類似する．1フォトニック結晶サイトの誘電率を低下することは1原子サイトの反発ポテンシャルを加えることに類似し，これは状態をπバンドの外に追いやる．誘電率を低下させることは欠陥の反発性をさらに増大させ，そして局在モードを高い周波数へと押しやる．逆に，誘電領域を増大させることはδバンドの外に状態を引き出す引力ポテンシャルを追加することに類似する．

[†2] 群論の言葉では以下のようになる．欠陥はC_{4v}点群の対称性をもち，その群の唯一の二重縮退表現は1対のπライクな関数である．

[†3] この名前は，光学と量子力学における共鳴散乱現象の対応を示すために選ばれた．散乱実験では，真の拘束状態のエネルギー近くに入射エネルギーを同調することは，そのポテンシャルをもつ入射ビームの共鳴により，その断面にピーク値をもたらす．ここで，われわれの局在モードは真の局在モードにきわめて近いので，状態密度にピーク値が存在する．両者とも，共鳴の減少率はピーク幅に比例する．

ークは Γ に比例して広がる。モードが連続状態の中にさらに侵入すると，真の拘束状態からどんどん離れ，共鳴は広がり，そして連続状態の中に広がってしまう。

5.7 面状局在：表面状態

われわれの議論の大部分は暗目のうちに無限に広がったフォトニック結晶の内部に集中してきた。しかし本当の結晶はどうしても有界である——では，二次元フォトニック結晶の表面ではなにが起こるであろうか。本節では，フォトニック結晶が維持することのできる表面モードについて説明する。表面モードでは，図 5.12 に概念的に示すように，光は表面に局在する。場の強度は，その表面から離れるに従って指数関数的に減少する。

任意の表面をその傾きと終端で特徴づけることができる。表面の傾きは面法線と結晶軸との間の角度を指定する。表面終端は表面がどこで単位セルを横切るかを正確に指定する。例えば，二次元円格子をある整数個の円でやめて終わることができるし，あるいは境界でおのおのの円を半分に切り取って終わることもできる。あるいは，ある任意の比率でやめて終わることもできる。

誘電体円柱の正方格子の表面状態に焦点を絞ろう。このようにしても，ここで示す多くの議論と結論は一般的に成り立つ。特に，$\varepsilon = 8.9$ のアルミナ棒の正方アレーの場合に立ち戻ろう。第 1 バンドと第 2 バンドの間にフォトニックバンドギャップをもつ TM バンド構造を考える。表面の傾きに対して，一定の x 面を選ぶ[†]。円柱全体のすぐ外側に境界ラインを描く場合と，最も外側の円柱を半分にカットする場合の二つの異なる終端を考える。これら二つの終端は図 5.16 と図 5.17 の挿入図にそれぞれ描いてある。

x 方向への並進対称性が壊されるので，もはや電磁場モードを波数ベクトル k_x で記述することはできない。しかし，この系はまだ y 方向への離散的な並進対称性と，z 方向への連続的な並進対称性をもっている。$-\pi/a < k_y \leq$

[†] これは正方格子の (10) 表面として知られている。

5.7 面状局在：表面状態　79

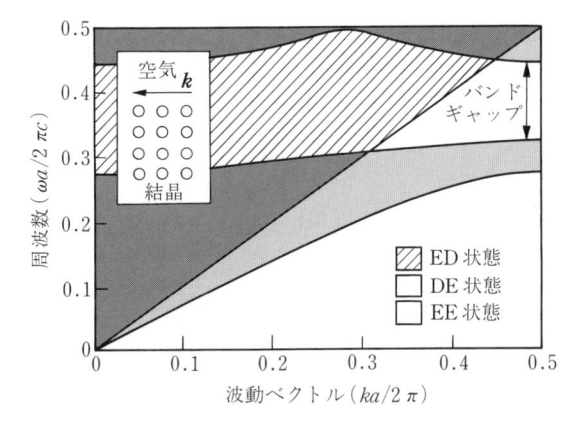

図 5.16 空気中に置かれたアルミナ棒からなる正方格子の定数 x 面の投影バンド構造．陰影は光が透過する領域（濃い網目），内部反射する領域（薄い網目）および外部反射する領域（斜線）を示す．結晶は挿入図のように終端されている．

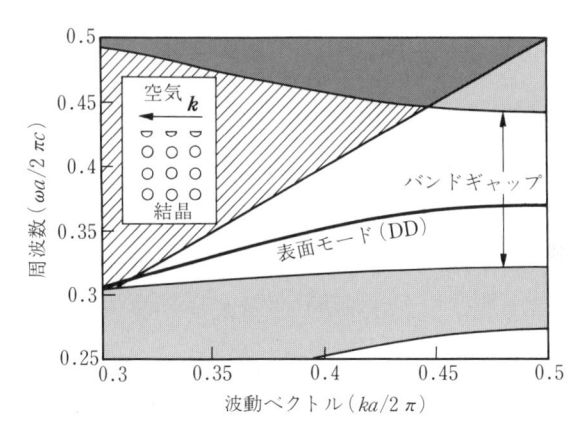

図 5.17 空気中に置かれたアルミナ棒からなる正方格子の定数 x 面のバンド構造．陰影は光が透過する領域（濃い網目），内部反射する領域（薄い網目），および外部反射する領域（斜線）を示す．ギャップ中の太い線は，光が表面に指数関数的に局在する表面バンドに対応する．結晶は挿入図のように終端されている．

π/a と $-\infty < k_z < \infty$ で拘束される波数ベクトル k_y と k_z によって表面ブリュアンゾーンのモードを分類できる。

z方向に伝搬するモードは導波モードとなり，それに対応するバンドは，"面外伝搬"の節で議論したように，衰退するバンド幅をもつ。この場合，表面モードは多層膜の場合と同じように，導波モードとなる。これら二つの場合は密接に関係している。これは，この系が伝搬方向に均一なためである。このため，以下では $k_z = 0$ である面内伝搬の場合に議論を限定する。

欠陥の場合と同じように，表面近くに電磁場モードが存在するとき表面モードが発生する。しかしこれらの表面モードは，フォトニックバンドギャップのために，その周波数で結晶内に広がることは許されない。しかし，表面モードに関しては周波数の関数としてのみだけでなく，k_y の関数としてもモードの振る舞いを考えなければならない。表面モードは，適当な ω_0 だけでなく，結晶中では許されない適当な（ω_0, k_y）の組合せをもたなければならない。

これらの領域がどこに存在するかを決定するために，ある特定の（ω_0, k_y）を取り上げ，あるバンドにそのモードを存在させる k_x が存在するかどうかを問おう。すなわち，ある適切な k_x の選択によって，$\omega_0 = \omega_n(k_x, k_y)$ なるバンド n をアレンジできるかどうか。もしできるなら，その組（ω_0, k_y）をもつ結晶中に少なくとも一つは広がった状態が存在する。これらのパラメータを用いて表面モードを立てるなら，それは局在化しておらず，結晶中に漏洩するであろう。

おのおのの k_y に対してすべての可能な k_x を探査するこの過程は，"有限な結晶のバンド構造を表面ブリュアンゾーンに投影する"と呼ばれる。すべての結晶バンド構造からすべての情報を取り，そして表面に関係のある情報を抜き出す。真の局在化した表面モードは，結晶の内部と外部の両者についてエバネセントでなければならないので，フォトニック結晶と空気領域の両者のバンド構造を投影しなければならない。

図5.16は，誘電体棒からなる正方格子の一定の x 面に投影されたバンド構造を示す。これを理解するために，まず，空気とフォトニック結晶の外側の投

影されたバンド構造を別々に考える。前と同じようにして，二つの文字を用いて，プロットのおのおのをラベル化する。この最初の文字は，空気領域でその状態が広がったものか減衰するものかを示す。第二の文字は，結晶領域について同じことを示す。図 5.16 に示してある EE と ED の結合領域は表面ブリュアンゾーンへの自由な光モードの投影である。任意の k_y に対してすべての周波数 $\omega \gg c|k_y|$ で光モードが存在する。$\omega = ck_y$ の線に沿って，光は表面に平行に伝搬し，ω の増大は k_x の増大に対応する。同様にして，EE と DE の結合領域は，フォトニック結晶の投影されたバンド構造を表す。このフォトニック結晶は $0.32 < (\omega a/2\pi c) < 0.44$ でバンドギャップをもつことに注意しよう。

以上から，投影された表面ブリュアンゾーンのつぎの三つの表面状態を理解することができる。すなわち伝搬する光（EE），内部反射する光（DE），そして外部で反射する光（ED）。EE と印をつけた (ω, k_y) の領域では，モードは空気と結晶の両者について広がっているので，これらのパラメータをもつ光を結晶を通して伝送することは可能である。DE 領域では，結晶中にモードは存在するが，これらのモードは空気状態のバンド端のすぐ下にある。したがって光は結晶中に広がることができるが，それを取り巻く空気の中では指数関数的に減衰する。これはよく知られた全反射現象そのものである。ED 領域では，状態は反転する。そこではモードは空気の中に広がることができるが，結晶中へは減衰する。

最後に，表面の両面から減衰する本当の表面モードが存在するであろう（DD とラベル付けされている）。このようなモードは図 5.17 に描かれている。図 5.17 は円柱を半分にカットして終端した一定 x 表面のバンド構造を示している。DD 領域におけるモードは空気モードのバンド端の下にあり，また結晶のバンドギャップ中にある。この場は両方向に対して指数関数的に減衰し，表面にモードをピン止めする。このようなモードを励起することで，結晶の表面に光を閉じ込めることができる。

5.8 さらに進んだ勉強をするには

　付録 A はフォトニック結晶の場と量子力学や固体物理の学問との間の多くの類似を列挙する．付録 B は，この章で学んだ結晶幾何学のブリュアンゾーンのさらに詳細な議論である．付録 C は多くの二次元フォトニック結晶に対するバンドギャップの位置である．

　媒体の実効的な誘電率を計算する情報は，Aspnes（1982）にある．二つの異なる材料間の境界面での表面状態は Meade, et al.（1991 b）に報告されている．誘電体円柱の正方格子の実験的な研究は，バルク状態については Robertson, et al.（1992），表面状態については Robertson（1993）に見いだせる．二次元系への初期の実験的および理論的アプローチは McCall, et al.（1991），Smith, et al.（1993），Plihal と Maradudin（1991），および Villeneuve と Piche（1992）にある．

　Meade, et al.（1991 a, b）は誘電体棒と支脈の正方格子の系統的な取り扱いを含んでいる．Winn, et al.（1993）は円柱の正方および三角格子のより系統的な取扱いを含んでいる．

6

三次元フォトニック結晶

通常の結晶に相似な光学的構造が，誘電体が三つの異なる方向に沿って周期的に配列している三次元フォトニック結晶である．前の2章で検討を行ったバンドギャップ，欠陥モードおよび表面状態を含めた新規の特性は三次元フォトニック結晶においても具備させることができる．本章において，空気孔のダイヤモンド格子やヤブロノバイト（Yablonovite）として知られる穿孔構造の誘電体といった完全バンドギャップをもつ二つの三次元結晶を例にとって述べる．欠陥の導入は，光を面内あるいは線上に局在化できるようにするほか，三次元においては線形**導波モード**（guided linear mode）や単一点で光を局在化するモードをつくりだすなど新たな自由度をもたすことができる．

6.1 二つの種別のフォトニック結晶

三次元フォトニック結晶に対して無限個の可能な幾何学的構造があるが，これらのうち，特に興味があるのはフォトニックバンドギャップの存在を助長するような構造である．前章の結果は誘電体スポットを連結させた網目をもつ構造を試してみるというヒントを与える．三次元においては，成功を収めた二次元結晶のスポットや支脈に類似させた誘電体管および球をもつ結晶をつくることが試みられよう．ここで二つの可能性について調べてみよう．

最初の型は三次元格子をとり，各格子点に1個の球を置くことによって作られるものである．この種の結晶は格子ベクトル，球および球が埋め込まれている媒質の誘電定数および球の半径で完全に特徴付けることができる．**図6.1**の上部にこの種の結晶の一例としてダイヤモンド格子に配列された誘電体球が示

6. 三次元フォトニック結晶

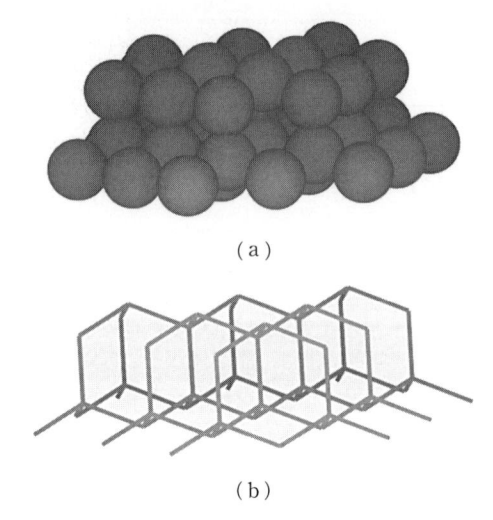

(a)

(b)

図6.1 三次元フォトニック結晶の二つの例。図(a)はダイヤモンド格子の格子位置に誘電体球から成り立つ結晶。図(b)はダイヤモンド格子の格子位置を誘電体柱で結ぶことによって形成した結晶。

されている。また，誘電定数を反対にして誘電物質中に空気球を置くこともできる。

　第二の型は，格子をとり，その格子点を誘電体の円柱で結んだものである。図6.1の下部にこの種の結晶が示されている。すなわち，ダイヤモンド格子点が誘電体の筒で網目を形成するように結んだものである。この種の構造は実験的には誘電体の固体ブロック中に規則的なパターンで孔を切削することによって形成することができる。この種の結晶は，異なる領域の誘電定数，切削のパターンと角度，および孔の半径で特徴づけられる。

　これら両方の場合において，結晶は二つの異なる誘電定数だけから構成されている。2章において全誘電関数 $\varepsilon(\mathbf{r})$ をある定数因子 s を用いて $\varepsilon(\mathbf{r}) \to \varepsilon(\mathbf{r})/s^2$ でスケーリングすると，バンド構造は $\omega \to s\omega$ という再スケーリングされることを議論した。それゆえ，実際に重要となるものは二つの異なる誘電定数の値そのものでなくその比である。その比を固定する限り，どんなレベル

のものを望んでいるかによって誘電定数の値を選択でき，そしてその光学特性は本質的には同一のものとなろう．そこで高 ε と低 ε の領域の誘電定数の比 $\varepsilon_{high}/\varepsilon_{low}$ として誘電コントラストを定義する．

一般的にいえばバンドギャップは誘電コントラストが高い構造において現れる傾向がある．光散乱が顕著であればあるほど，より容易にギャップが開くであろう．では十分大きな誘電コントラストをもてばどのような幾何学的構造でもフォトニックバンドギャップをもつであろうか．これは実際多くの二次元結晶の場合はそうであった．

三次元結晶については，完全フォトニックバンドギャップはずっとまれとなる．一次元，二次元結晶のブリユアンゾーンは一つの線や面であるが，三次元結晶のゾーンは全体をギャップで包み込まなければならない．例えば，**図 6.2** において高 $\varepsilon (\varepsilon = 13)$ 媒質中に空気球の面心立方格子に対するバンド構造を示す（付録 B，図 B.4 参照）．誘電コントラストは非常に大きいにもかかわらず完全フォトニックバンドギャップがない．面白いことにブリユアンゾーンの大部分を通してバンド 1 と 2 の間に大きな空間があるが，波数 U と W 近傍にお

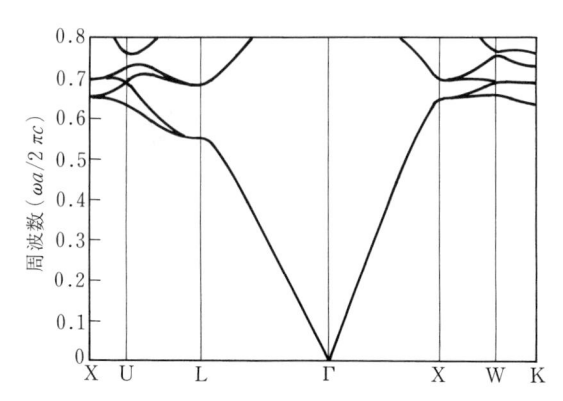

図 6.2 誘電体（$\varepsilon = 13$）媒質中に空気球面心立方格子の最低周波数電磁波モードのフォトニックバンド構造．完全フォトニックバンドギャップが存在しないことに注意．波動ベクトルは既約ブリユアンゾーンの Γ 点から X 点，W 点，K 点へ，その後 X 点，U 点と L 点を通って Γ 点に戻る．面心立方格子のブリユアンゾーンについては，付録 B を見よ．

けるモード周波数の分布がギャップを完全にするのを妨げている。

それにもかかわらず，かなり大きな完全フォトニックバンドギャップを生じるいくつかの三次元結晶が見いだされている。これらの特殊な結晶は次節で取り上げる。今日まで取り扱われた研究の多くは，与えられた結晶で誘電コントラストが大きくなるにつれて，ある零でないしきい値に達した後だけにフォトニックバンドギャップが開き，その後単調にギャップ幅が増加する。

6.2 完全バンドギャップをもつ結晶

Ho，ChanおよびSoukoulisは，ある特別な三次元フォトニック結晶が完全バンドギャップをもちうるかを正しく予言する最初の理論を提出した[†]。かれらの結晶は以前に検討した第一の型の結晶であり，図6.1の上図に示したものと形で類似の球のダイヤモンド格子である。かれらは完全フォトニックバンドギャップは球の半径を適当に選ぶ限り，空気中に誘電体球を埋め込むか，あるいは誘電体媒質中に空気球を入れるかのいずれにおいても存在することを見いだした。

空気球の格子のバンド構造を図6.3に示す。バンドギャップの開きを最大にするために，球の半径rを$0.325a$に選んである。ただし，aは格子定数である。第一と第二バンド間にギャップ-中間ギャップ比0.29をもつバンドギャップが存在する。

この構造の大部分は空気が占める（体積で81％）。事実，空気球の直径は球間の距離より小さく（$0.65a < \sqrt{3}/2a$），したがって空気球は重なり合っている。空気および誘電体領域ともいずれもが分離したところがないという意味で連結している。この結晶を一つは連結した空気球，もう一つは連結した誘電体球からなる二つだがたがいに入り込み合ったダイヤモンド格子と考えられる。

真のダイヤモンド構造よりも実験室での作製がずっと簡単であることがわかっている別の構造は，図6.4に示すようなダイヤモンド格子の軸の三つに沿っ

[†] Hoらの原著論文（1990）を参照のこと。

6.2 完全バンドギャップをもつ結晶

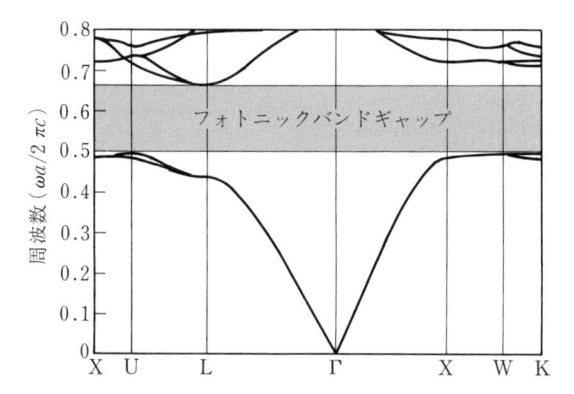

図 6.3 高誘電定数 ($\varepsilon = 13$) 物質中に空気球ダイヤモンド格子の最低の六つのバンドに対するフォトニックバンド構造。波動ベクトルはΓ点からX点，W点，K点へ，その後X点，U点とL点を通ってΓ点に戻る既約ブリュアンゾーンを横切って変化する。面心立方格子のブリュアンゾーンについては，付録Bを見よ。

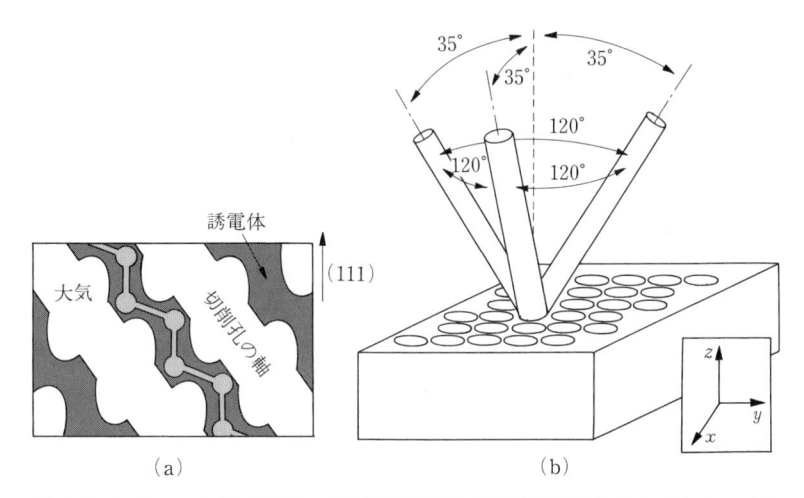

図 6.4 ヤブロノバイト作製法。強誘電体薄板を三角形配置した孔からなるマスクで被う。各孔を板面法線から$35.26°$の角度で，かつ方位角$120°$の間隔で3度穿孔する。これは$(1\bar{1}0)$断面が図(a)に示した三次元構造をとる。誘電体は図式的に薄い網目で示したダイヤモンド格子の位置をつなぐ。(111)に垂直に配向した誘電体支脈は$(1\bar{1}\bar{1})$の対角線方向に配向した支脈より幅が広い。

て穿孔した誘電媒体からなるものである．それは発見者 E. Yablonovitch に因んでヤブロノバイト (Yablonovite) と命名された．ヤブロノバイトはマイクロ波の寸法で作られ，作製された完全フォトニックバンドギャップをもつ最初の三次元フォトニック結晶という特徴をもつ[†1]．

半径 $r = 0.234a$ をもつ穿孔は，図 6.5 に示すようにフォトニックバンドギャップがギャップ-中間ギャップ比 0.19 をもつ構造になる．空気球ダイヤモンド格子に似て，ヤブロノバイトは一つは連結した誘電体領域と他方は連結した空気領域からなる二つのたがいに入り込み合ったダイヤモンド格子と考えられる[†2]．

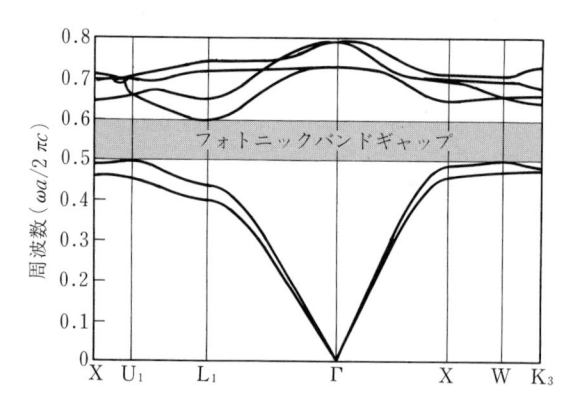

図 6.5 ヤブロノバイトの最低の六つのバンドのフォトニックバンド構造．このバンド構造についての詳細な検討はヤブロノビッチらの論文 (1991 a) を参照のこと．

[†1] これは Yablonowitch らの論文 (1991 a) に報告されている．

[†2] 専門の研究者に対する注釈：ヤブロノバイトはダイヤモンド結晶の [110]，[101]，[011]，[1̄10]，[1̄01] および [01̄1] の六つの軸に孔を掘削しなければならないので真のダイヤモンド構造ではない．三つの軸に沿ってだけ孔をあけることによって，[111] 方向が選びだされる．この理由によって，ヤブロノバイトは完全なダイヤモンド対称性はもたないが，D_{3d} 対称性（三重の [111] 回転軸ならびに鏡面および反転対称性）だけをもっている．対称性の低下はブリユアンゾーンの特別ないくつかの点において縮退を解く働きをする．それにもかかわらず，ヤブロノバイトはダイヤモンド格子と同じ骨格をもっているので"ダイヤモンドライク"である．それはダイヤモンド格子位置をつなぐ誘電体支脈から成り立つが，三つの柱だけが穿孔されるので，[111] 方向に沿う支脈は，[1̄1̄1]，[11̄1̄] および [1̄11̄] 方向のものより大きな直径をもっている．

6.3 点欠陥における局在化

フォトニックバンドギャップをもつ二つの構造を紹介したので，それからもたらされる新規ないくつかの特徴を検討することができる．われわれはすでにフォトニック結晶中の欠陥が光モードを局在化できることを知っている．一次元では一つの欠陥面内に光を閉じ込め，二次元では直線状欠陥に光を局在化できる．三次元においては単一の格子点に摂動を与えることができ，それによって光を結晶中の単一点に捕捉する．点欠陥があると，ギャップの上あるいは下の連続体からギャップそれ自身に状態を引き寄せ局在化モードをつくる．

単一の格子位置に摂動を与える二つの簡単な方法は，もともとないところに別の誘電物質を追加するか，あるいはもともとあるべきところの誘電物質を取り去ることである．第一のものを"誘電体欠陥"，第二のものを"空気欠陥"と呼んでもよい．両者の例を**図 6.6** に示した．これらの欠陥は 4 章と 5 章で取

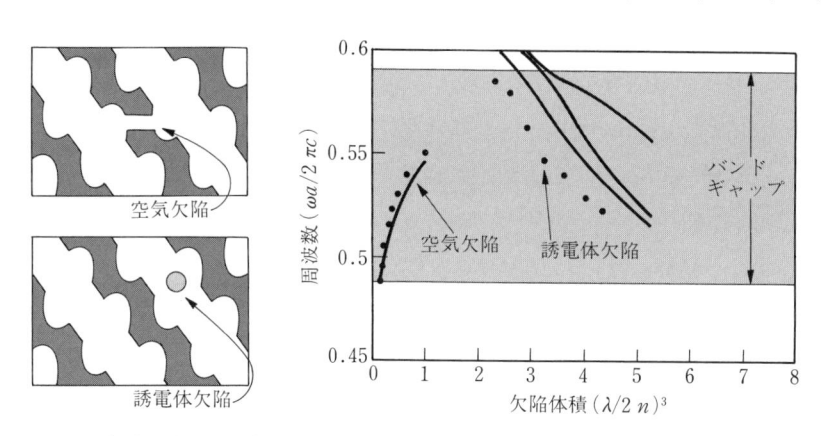

図 6.6 欠陥の大きさを変化させたときのヤブロノバイトの局在化モードの周波数プロット．点は測定値（Yablonovitch ら，1991 b），実線は計算値（Meade ら，1993 a）である．薄い網目の領域はフォトニックバンドギャップである．左端の線上のモードは空気欠陥によるもの，一方中央の線は誘電体欠陥の結果を示す．欠陥の大きさは $(\lambda/2n)^3$ を単位にして示してある．ただし，λ はギャップ中心の真空波長，n は誘電物質の屈折率である．

り組んだものと似ており，以前の結果を単純に発展拡張して検討すればよい。

点欠陥を導入することにより，格子の離散的な並進対称性が破れ，そのため厳密にいえば系のモードをもはや波動ベクトル k で区別できなくなる。その代わり，結晶の状態密度に焦点を当てる。欠陥はフォトニックバンドギャップがある周波数において，状態密度の中に新たに許容状態の単一ピークが現れる原因となる。このピークの幅は結晶の寸法が無限に大きくなると 0 に近づく。バンドギャップ内の結晶には広がり状態が許されないので，この新しいピークは局在状態から成り立つものでなければならない。単純にバンドギャップ中のモードは欠陥から離れるにつれて指数関数的に減衰するものとする。この場合，状態密度は三つの次元において指数関数的に減衰するので，状態は単一点の近くに拘束されることになる。

ではなにゆえ欠陥が電磁波モードを局在化するのだろうか。これには欠陥が完全に反射する壁をもつ空洞と似ているという簡単で直観的な描像を思い出してみよう。もしバンドギャップ内の周波数の光が欠陥の近くになんらかの方法で接近すると，結晶はその周波数で広がり状態を許さないから光は離れることができない。それゆえ，もし欠陥がバンドギャップ内の周波数で励起されるモードを許容するなら，そのモードは永遠に拘束されることになる。

これらの局在化モードを実験的に実現することができる。ここでは計算的にも実験的にも研究された系，ヤブロノバイト中に欠陥を挿入した結果を述べることによって検討を行うことにする。図 6.6 の左図は研究されたヤブロノバイトの空気および誘電体欠陥を図示したものである。マイクロ波透過レベルで系統的に測定することによって欠陥周波数をマッピングし，その結果を図 6.6 の右図にプロットした。図中理論値を実線で併せて示してある。

欠陥はフォトニックバンドギャップ内部に局在化モードを生成する。空気欠陥はフォトニックバンドギャップ中に単一の非縮退状態を導入する。それは，欠陥周波数の増加とともに誘電バンドから空気バンドへとギャップを横切る。この状態の場のパターンを**図 6.7** に示す。光はドーナツ状の幾何学的形状の内管のような領域中の欠陥の周りに局在化している。磁力線はドーナツ内部の周

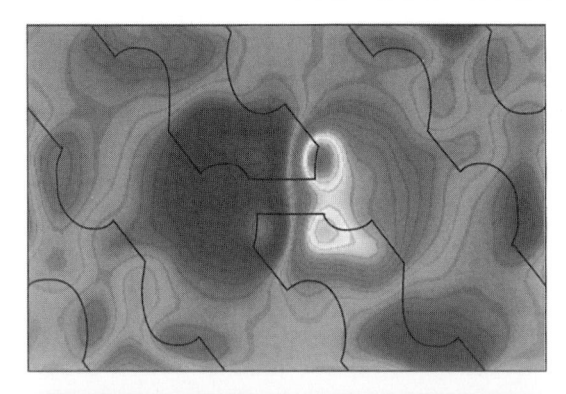

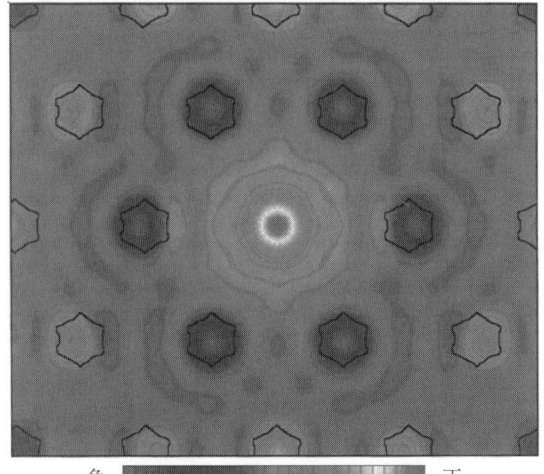

図 6.7 ヤブロノバイトの空気欠陥近傍に局在化した状態の二つの形態。

上図は図 6.3 および図 6.6 の挿入図に示した同一の断面である $(1\bar{1}0)$ 面を貫く薄片を示す。実線で描いた誘電体は図 6.6 のものと同じ外形をもっている。中央の空気欠陥に注目のこと。色は $[1\bar{1}0]$ 方向に沿ってページ面から外を向いている。下図は欠陥中心を通って (111) 面を貫く薄片を示す。この面はヤブロノバイトの垂直な支脈を通って切断する。中央の欠陥に注目のこと。色はページから外の [111] 方向に沿って向いている電気変位場を示す（口絵 6 参照）。

りに流れるが，一方電気変位場はドーナツの表面上の磁場の周りを循環する。他方，誘電体欠陥は空気欠陥と反対にギャップ中に空気バンドから誘電バンドへと横切る状態を導入する。

図 6.6 は欠陥周波数が空気欠陥ではその体積の増加関数，誘電体欠陥ではその体積の減少関数であることを示している。同様の結果は 5 章で取り扱った二次元の場合にも見られ同じ理由による。

しかし，三次元の場合には著しい相違がある。一次元および二次元結晶では，任意の小さな欠陥でもモードを局在化することができた。一方，三次元結晶では，光を局在化するには欠陥はある臨界寸法より大きくなければならない。それは，欠陥の寸法を 0 から大きくしていくと，局在化力が始まる前にある 0 でないしきい値を超えなければならないからである[†]。

点欠陥は格子の並進対称性を壊すけれども，多くの欠陥はその中心の周りで点対称性を保持している。例えば，図 6.7 の下図において，結晶中に欠陥を導入した後でも結晶の三重回転対称性を維持していることがわかる。新たな局在化モードを含め，図面内で 120°回転の下でどのように変換を受けるかによってモードを分類することも可能になる。鏡面反射や反転のような他の対称性も特定の欠陥によっては維持されるものもあろう。

6.4 直線状欠陥における局在化

もう一つの種類の欠陥は一つの方向に伸びた直線状の欠陥である。ヤブロノバイト結晶に対する二つの典型的な例を図 6.8 に示す。左図は誘電物質の柱を結晶から取り除いた空気線欠陥であり，また右図は空気領域に誘電物質の柱を付加した誘電体線欠陥である。

これらは点欠陥の直線配列として考えることができよう。直線欠陥について

[†] これは量子力学の著名な定理の電磁気学版である。この定理は任意の弱い引力的ポテンシャルが三次元でなく，一次元および二次元の状態を結合できることを述べたものである。

6.5 表面における局在化

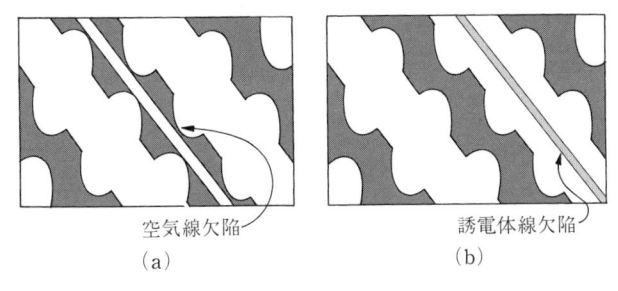

図6.8 ヤブロノバイト中の空気線欠陥図(a)と誘電体線欠陥図(b)の模式図

その半径と方位を適当に選ぶことにより，結晶のフォトニックバンド中に周波数をもつ欠陥を生成することが可能となる。このバンドにおける状態は欠陥に沿って伸びているが，結晶の残りの中では指数関数的に減衰する。

図6.8におけるように線欠陥を結晶の並進移動ベクトルの一つに平行に並べることによって，この一方向の並進対称性は保持される。このため，欠陥モードを線欠陥に沿った位相変化で特性づける欠陥波動ベクトル k で分類することができる。このような状態は線欠陥に沿って電磁エネルギーを移動することができる。この事実は線状欠陥は金属導波器と類似したものといえる。光は完全反射する壁をもつ波長程度の大きさの管の中に拘束される。このような導波器の一例は7章の最後に述べる。

6.5 表面における局在化

前に述べたように，表面バンド構造を調べることによってフォトニック結晶の終端効果を検討してみよう。再度，表面の両側で指数関数的に減衰する電磁波の表面モードを調べてみよう。実際には表面に焦点を合わせているが，この種の局在化モードは結晶内部の平面欠陥上においても同様に生じるであろう。

z 方向に終端された三次元結晶を考える。この方向の並進対称性が壊されるので，もはや定まった波数 k_z で結晶の状態を区別することはできない。しかしなお表面に平行な方向には並進対称性をもつので，電磁波モードは確定した

波数（波動ベクトルの大きさ）$k_{//}$ をもっている．5 章の最後の節で述べた手続きでもって三次元のバンド構造を表面ブリユアンゾーン上に投影する必要がある．

ヤブロノバイトの（111）面の表面状態の一般的な特徴をその断面を描いた図 6.9 で調べてみる[†]．以前に検討したように，垂直に向いた誘電体支脈は対角線に向いたものより幅が大きい．この系は垂直支脈の一つを通る軸の周りで 120°回転の下で不変であることに留意しよう．

境界面のバンド構造を考察する前に，まず空気とフォトニック結晶の射影したバンド構造を個別に考えてみよう．以前のように，拡張状態の領域を表すの

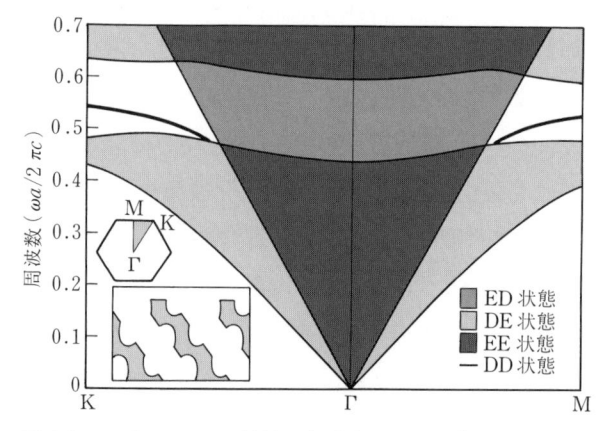

図 6.9 ヤブロノバイト結晶の表面ブリユアンゾーンの特定方向に沿った（111）表面のバンド構造．影をつけた部分は光が透過する領域（濃い網），内部に反射する領域（薄い網）および外部に反射する領域（中間の網）を表す．ギャップ中の太い線は光が表面に局在化する表面バンドに対応する．表面ブリユアンゾーンは挿入図に薄い網で影をつけた既約ゾーンである．M 点は $[1,\bar{2},1]$ に沿って Γ 点から距離が $\sqrt{2/3}(2\pi/a)$ 離れている．K 点は $[0,\bar{1},1]$ に沿って Γ 点から距離は $(\sqrt{8}/3)(2\pi/a)$ である．この表面バンド構造は $\tau = 0.75$ の終端に対応する．$(1\bar{1}0)$ 断面は挿入図に空気を上に，フォトニック結晶を下に誘電体領域を薄い網で影をつけて示した．

[†] 結晶面を指定するのにミラー指数を用いる．この表記法に不慣れな読者は付録 B の簡単な記述をみられたい．

6.5 表面における局在化

に "E" を，減衰状態の領域を表すのに "D" を用いる。すなわち，状態を空気および結晶の双方に E または D でラベル付けをする。

例えば，図 6.9 に示した EE と ED を併せた領域は広がり空気状態（E_）の結晶の表面ブリュアンゾーン（_E または_D）上への射影である。与えられた $k_{//} = (k_x, k_y)$ に対して，$\omega \geq ck$ のすべての周波数に対して広がった光モードが存在する。$\omega = ck$ の線に沿って，光は平面に平行に伝わり，増加する ω は増加する k に対応する。同様に，EE と DE の合併領域はフォトニック結晶の射影されたバンド構造を表す。フォトニック結晶は広がり状態が許されない領域 $0.49 < \omega a/(2\pi c) < 0.59$ にギャップをもつことに注意しよう。

表面状態を四つの型に種類分けできる。すなわち，透過表面モード（EE），内部反射表面モード（DE），外部反射表面モード（ED）および実質（bona fide）表面モード（DD）である。EE の符号を付けた（$k_{//}, \omega$）の領域では，モードは空気内および誘電体内に広がっており，光は結晶を横切って動くことができる。DE 領域では，モードは結晶内に広がっているが，空気状態に対してバンドエッジの下側にある。ED 領域では，状況は逆転して空気内では広がり状態であるが，結晶のギャップ内にある。最後に，DD 領域では，状態は空気内の光のバンドエッジ以下であるとともに結晶のギャップ内にある。ここでは光は表面から離れる両方向で指数関数的に減衰する。

ブリュアンゾーンの M 点でのゾーンエッジ表面モードに関連した場を図 6.10 に示す。左側の図は表面を通って（110）断面を見たものである。結晶はこの面を通して鏡面対称性を含むので，場は TE あるいは TM として現れると期待される。この場合において，$D(r)$ は面内に，$H(r)$ は至るところ面の法線方向にある。場は表面内に強く局在化されわずかに誘電層の最表層を過ぎるにすぎない。通常は場の電力の多くは高 ε 領域に集中している。

図 6.10 の右図は表面の最上層を通り抜ける（111）面内の表面モードに関連した場を示したものである。$H(r)$ はベクトルで示してあるように，もともと面内であり，$D(r)$ はもともと面の法線にある。この理由のため，このモードを "TE ライク" なものと呼んでよかろう。もちろん，このフォトニック結晶

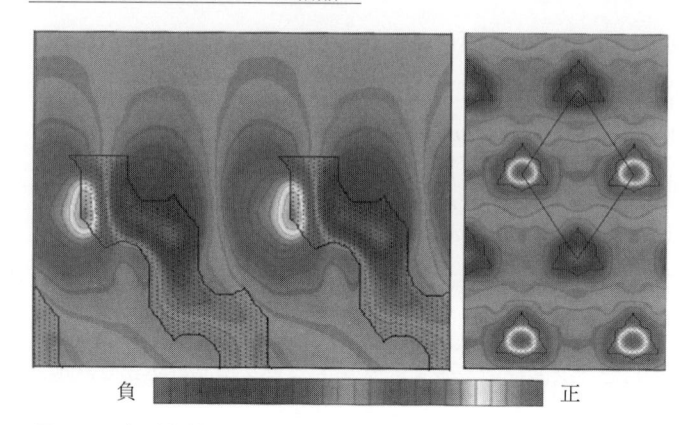

図 6.10 表面終端 $\tau = 0.75$ に対するブリュアンゾーンエッジ（M点）における表面モードの二つの様子。誘電体領域は影をつけてある。
左図：$(1\bar{1}0)$ 面内の様子。色は磁場強度 H を示す。電気変位場 D は等磁場 H 線に沿って向き，H が急激に変化しているところで大きい。この断面内において，k はページ面内にある。右図：場面の最上層を貫通する（111）面の様子。色は最初面の法線を向いている H の強度を示す。表面単位セルは平行四辺形で記してある。M点の波動ベクトルの状態から予想されるように隣接単位セルの場は反対の符号をもつ。この図では，k は上を向いている（口絵 7 参照）。

の表面モードは厳密には TE でも TM でもない†。

これまでは，図 6.9 の挿入図に示したような特別な面終端を選んでバンド構造を考えてきた。しかし，表面は**図 6.11** の挿入図のようにいろいろなやり方で終端させることができる。われわれは表面の傾きのみならず，単位セル内で結晶をどこで切断するかを特定しなければならない。

---

† なぜかを理解するために，4 章の最後の節で述べたような多層膜の最上層の表面波のより簡単な場合を考えてみる。この場合，対称性の議論からみられるように，TE/TM の分類は正確である。多層膜の表面は表面に平行に連続並進対称性をもつので，状態を面内波動ベクトル k でラベル付けができる。k および表面法線の両方を含む面は鏡面であることに注意しよう。3 章の終わりにかけて検討を行ったように，場はこの鏡面に関して原点の取り方にかかわらず偶か奇のいずれかでなければならない。その中で TE/TM の区別がある。しかし，このヤブロノバイトの特別な表面において，対称性は低下し，鏡面は原点をうまく選んだときだけに存在する。このようなモードは鏡面自身から眺めたときはこの対称性は現れるであろうが，モードが TE か TM でなければならないという議論はもはや成り立たない。

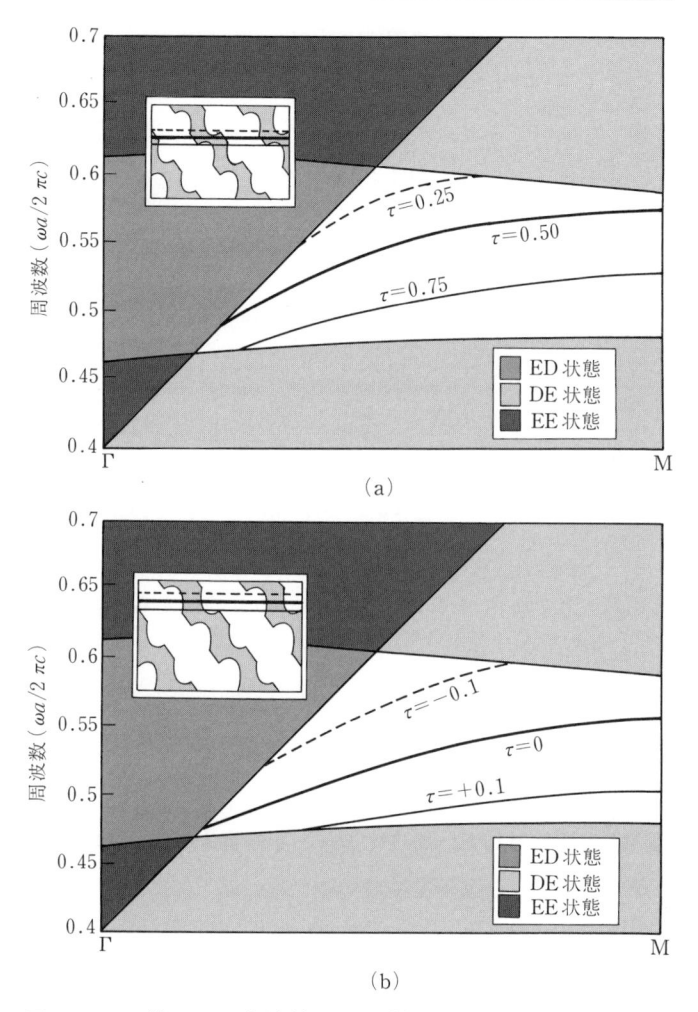

図 6.11 TE様モード（図(a)）とTM様モード（図(b)）の表面バンド構造。この図はギャップ領域を拡張し，図6.9のモード分類規範 EE, ED, DE および DD 状態を用いて示した。挿入図は下の各線で示した対応する表面終端である。大きな τ 値は単位セルのより高い終端についてのものであり，それゆえ，より多くの誘電体が表面近傍にある。したがって，高い τ 値はより低い表面バンド周波数をもたらす。

任意の面の終端を記述するため終端パラメータ τ $(0 \leq \tau \leq 1)$ を導入する．すなわち，図 6.11 の下図の挿入図に示したように $\tau = 0$ は表面が支脈の中心を通って終端した場合であり，表面位置が高くなると τ は直線的に増加して，$\tau = 1$ ではつぎのボンド中心を横切って切断する．すなわち $\tau = 0$ と同じ終端を与える．

表面ボンド構造は，図 6.11 に見られるように表面終端を変えるとともに興味あるやり方で変化する．終端パラメータ τ が増加するとともに，より多くの誘電体が加わり，したがって表面モードの周波数は低下する．バンドが空気バンドから誘電体バンドを走査すると，モードは TE ライクのものか TM ライクかのいずれかになる．

$\tau = 0$ から $\tau = 1$ に増加するときのバンド構造を考えてみよう．終端が増加するとき，正確に二つの状態が空気バンドから誘電体バンドに走査され，その一つは TE 類似のものともう一方は TM 類似のものである．表面終端が $\tau = 0$ から $\tau = 1$ に増加することによって，表面単位セル当りの 1 個のバルク単位セルが加わり誘電体バンドの全状態数は 2 倍だけ増加する．これはブリュアンゾーン内の各点において正しい．

この事実はつぎの一般的な主張を示唆する．**一つのバンドギャップとある与えられた傾きの表面に対して，局在化モードを許容するある終端表面を必ず見いだすことができる**．この議論を手短に述べると以下のようである．結晶は全体として一つのギャップをもつので，表面ブリュアンゾーンにも一つのギャップをもたなければならない．前のように，終端パラメータ τ を導入し，それゆえ τ を 0 から 1 に変化させたとき，表面単位セル当り導入される結晶単位セルが b 個あるとする．そうすると，空気バンドから誘電体バンドへ移される $2b$ 個の新たな状態がなければならない．これらの状態の周波数が空気バンドの底から誘電体バンドの頂上に減少すると，それらはギャップを走査する．それらが局在化表面状態である．この表面状態の存在の議論は，三次元ブリュアンゾーンをすべて覆うギャップがない多層膜の場合にも適用できるが，この場合は表面の法線方向にギャップをもつことになる．

6.6 さらに進んだ勉強をするには

付録Bには逆格子とブリュアンゾーンについて，面心立方格子のブリュアンゾーンを含めもう少し詳しい記述を与えてある．本章においてしばしば結晶面と結晶軸を指示するミラー指数を用いた．この記号法の短い記述も付録Bにある．これらの事項のより完全な取扱いは固体物理学の教科書の最初の数章を参照されたい（例えばKittel の教科書）．

三次元で完全フォトニックバンドギャップをもつ物質の最初の示唆はYablonovitchの論文（1987）にあるものであると思われる．完全フォトニックバンドギャップをもつ最初の物質の発見の歴史は，YablonovitchとGmitter（1989），Satpathyら（1990），LeungとLin（1990），ZangとSatpathy（1990），Hoら（1990），Chenら（1991）およびYablonovitchら（1991 a）の論文に引き継がれている．

Yablonovitch（1987）はまた，完全三次元フォトニックバンドギャップをもつ結晶はギャップの周波数域で結晶内部の原子の自発放射が完全に禁制されることを示唆した．これはKleppner（1981）によってマイクロ波空洞内で生じることが知られている．MartorellとLawandy（1990）によって可視光の周波数において部分禁制することが観測されている．

7

フォトニック結晶の応用と
その素子設計

　最初の数章において，フォトニック結晶の性質を理解する助けとなる多くの理論的な道具立てを集めた．それに引き続く三つの章において，どんな構造が興味ある性質をもつか，そしてその理由を電磁場の問題に据えて議論した．本章では，いろいろな問題をとりまとめて取り扱うことにする．すなわち，われわれが理解している"フォトニック結晶でなにができるか"を．

　序論において，技術革新は光の伝搬を制御するわれわれの能力を拡大させるであろうことを述べた．本章において，二，三のフォトニック結晶を用いた光制御デバイスの基本的な素子設計について述べてみよう．この考えは一次元および三次元の場合に一般化することは容易であるので，ここでは簡単化のため二次元系について行うことにする．

　特定の応用を試行する代わりに，多くの実験とデバイス化に全般的に必須となる包括的な例を用いることにしよう．それらは，光を反射する完全**誘電体ミラー** (perfect dielectric mirror)，光を拘束する**空洞共振器** (resonant cavity) および光を伝送する**導波器** (waveguide) である．これらの例はフォトニック結晶技術の将来性を示すだけにとどまらず，前章で導入した概念を復習するための完全な道具立てを与えるものである．

7.1　反 射 誘 電 体

　昔，技術者はマイクロ波と呼ばれる周波数帯の光を導波，反射および拘束するため，金属要素を用いて伝搬を制御する問題を解決した[†]．これらの要素はむしろ複雑な電子特性をもつ高導電率の金属にたよっており，強く周波数に依存する．残念ながら，例えば可視光のようにもっと高い周波数に対しては，金

[†] "マイクロ波の範ちゅう"とは波長が約 1 mm から約 1 cm の光をいう．

7.1 反射誘電体

属要素は高い消耗損失を受け使用できない。

これまでみてきたように,フォトニック結晶の反射率は,複雑な原子スケールの性質でなく,その幾何学的形状と周期性から発現する。ここで物質に課される唯一の要求は,興味ある周波数範囲(それはしばしば狭帯域であるが)に対して,本質的に無損失であることである。このような物質は紫外線からマイクロ波の範ちゅうまで広範囲の周波数帯にわたり広く使うことができる。2章において,フォトニックの性質は容易に周波数と誘電定数 ε にスケーリングでき,一つのスケールでつくられたデバイスが他のスケールで動作することを保証している。

そのような多くのデバイスの最も核心的な部分は反射率であり,われわれの最初のタスクは感知できるような光吸収がなく,ある特定の周波数帯内で面内の光をすべて反射する二次元結晶を設計することである。いったんこれが完成すると,この結晶を帯域フィルタに使用できるであろう。あるいは,TEおよびTM光に対してそれを偏光器として用いることもできよう。あるいはまた,つぎの2節でわかるように,空洞共振器および導波器をつくるのに使うこともできよう。

話を具体的なものにするために,遠隔光通信で多く用いられる波長 $\lambda = 1.5$ μm の特定の光[†1]について素子を設計してみよう。結晶をオプトエレクトロニクスで広く使われているヒ化ガリウム(GaAs)を用いて作製することを考える。GaAs の $\lambda = 1.0$ μm と $\lambda = 10.0$ μm の波長の光に対して,誘電定数は 11.4[†2]をもつ。これらの仕様に合うフォトニック結晶を設計できるであろうか。

反射構造をつくるために,フォトニックバンドギャップを与える幾何学的結晶構造を選ぶ必要がある。また,素子作製が比較的容易なミクロンレベルの寸法の構造を選ばなければならない。付録Cで大まかに示したようなギャップ地図のアトラスを参考に,これらの特性を備えた特に簡単な幾何学的構造,す

[†1] オプトエレクトロニクス(光電子工学)については Yariv(1985) の著書を参考にせよ。
[†2] Pankove (1971) の著書で報告されているように。

なわち空気円柱の三角格子に注目する。この構造は TE および TM モードの両偏光に対して重なり合ったバンドギャップをもっており，GaAs 基板に単にエッチング孔を彫るだけでつくることができる。このギャップ地図を図 7.1 に再度掲げた。

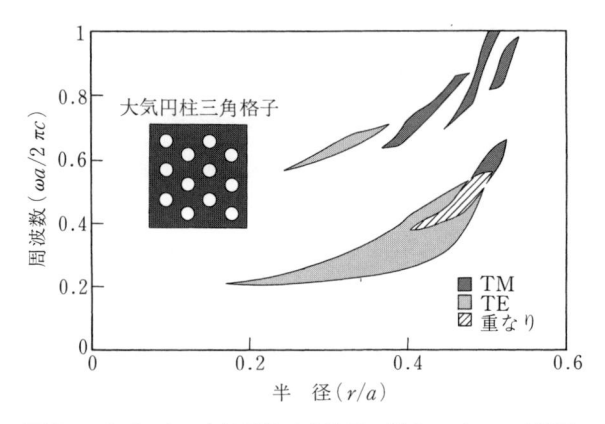

図 7.1 GaAs 中の空気円柱三角格子に対するギャップ地図。円柱半径の増加に対してフォトニックバンドギャップの位置をプロットした。TM モード（濃い網）と TE モード（薄い網）とが重なり合うバンドギャップ（斜線部）は $r/a = 0.45$, $\omega a/2\pi a = a/\lambda = 0.5$ 近傍にあることに注意のこと。

偏光に敏感なデバイスをつくることを願うなら，TE か TM モードかのいずれかに対するバンドギャップを選ぶことになろう。ここで，偏光に関係なくすべての面内光が反射される重なり合った領域をギャップ地図中から選ぶことにしよう。そのような領域の最も厚い範囲（最大バンドギャップ）は，$r/a = 0.45$ で，そのギャップは周波数 $\omega a/2\pi c = 0.5$ の周りに中心をもつ。$\lambda = 2\pi c/\omega = 1.5$ μm に選ぶと

$$\frac{\omega a}{2\pi c} = \frac{a}{\lambda} = \frac{a}{(1.5 \ \mu m)} = 0.5, \quad \text{これから} \quad a = 0.75 \ \mu m \tag{7.1}$$

となる。

波長が 1.5 μm という条件は a を与え，ここで円柱の半径 r を決定する完全バンドギャップが存在する条件を用いる。$r/a = 0.45$ とおくと，$r = 0.34$

μm となる。われわれのデバイスは GaAs 基板に半径 $r = 0.34$ μm の孔を格子定数 0.75 μm 間隔で三角パターンに彫ることでデバイス構造が完全に決定される。

図 7.1 からわかるように，バンドギャップの範囲は，$\omega a/2\pi c = a/\lambda = 0.45$ から $\omega a/2\pi c = 0.55$ である。ギャップ-ギャップ中間比は，$0.1/0.5 = 20$ ％ となる。この周波数帯域は波長帯域 $\lambda = 0.73$ μm から $\lambda = 1.7$ μm に相当する。この領域はわれわれが興味をもっている周波数範囲を十分覆っている。

この特別の設計の下に実験室で素子が作製された[†]。**図 7.2** は電子線リソグラフィーでエッチングを行った空気円柱の三角格子の電子顕微鏡写真を示す。実験結果は本文で予期していたさまざまの光学特性をもつことが実証された。

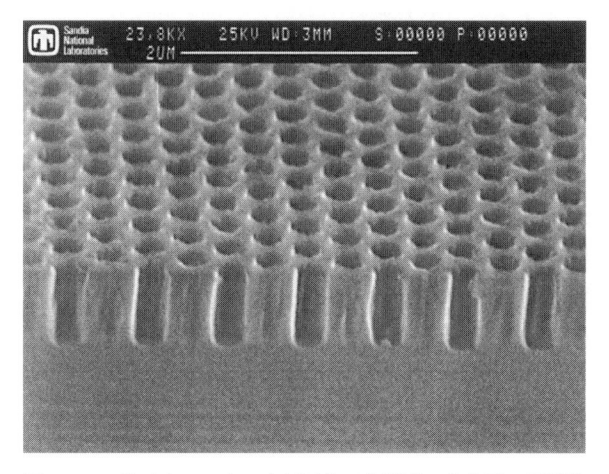

図 7.2 ヒ化ガリウム中の空気円柱三角配列の走査電子顕微鏡像。円柱半径は 122.5 nm，格子間隔は 295 nm，円柱の高さは約 600 nm である。この構造は Wendt とその協力者 (1993) によって作製された。

---

† この成果の報告については Wendt らの論文 (1995) を見られたい。

7.2 空洞共振器

さて，ここで完全反射誘電体の設計を行う。これをほかのもので行うことは非常に困難であると思われる。前章において，フォトニック結晶中の欠陥の近傍で起こる現象について研究を行った。これらの検討はフォトニック結晶中に空洞共振器を設計するときにうまく利用できる。

これまでみてきたように，欠陥は非常に狭い周波数帯内部に局在モードの存在を許す。例えば，空気円柱の三角格子の中に一つの欠陥を置き，バンドギャップ（例えば，$\lambda = 1.5\ \mu m$ で）内の周波数でモードを励振するとしたら，光はどこにもいけなくなるであろう。光は完全に反射される壁にとらえられてしまうであろう。もちろん，われわれの構造において周期性をもつ平面中にだけ光を閉じ込められるであろう。第三の方向に光が漏れ出すことを防ぐために，例えば，他の手段，2枚の金属板の間に三角格子を挟みこむとか，（全内部反射による）2枚の誘電体薄板を用いるとかといった対策をとる必要があろう。別のやり方として，完全な三次元フォトニック結晶を用いることができよう。しかし教育的観点から二次元の場合に焦点を当てることにしておこう。

では，なぜ欠陥モードを生成する必要があるのであろうか。一つの明確な答は空洞共振器として使うことである。このような空洞はレーザシステムの決定的な要素である。フォトニック結晶中の一つの欠陥は，非常に狭い周波数帯域に光を拘束し，いかなる損失もほとんど受けないであろうから，有効に空洞共振器として動作するであろう。ダンピングでもとの励振が最終的に費やされてしまう前，空洞中に振動がどれほど励起されたかの尺度である**"性能指数"** (quality factor) Q 値は高いであろう。

事実，空洞共振器は狭い周波数帯域内で放射を制御したい場合にはつねに役に立つであろう。例えば，一つのエネルギー準位から他の準位へのすべての原子遷移は，それらのエネルギー準位差に対応したエネルギーをもつ光子の放出あるいは吸収を伴う。適当なフォトニック結晶中で原子遷移を起こさせる種々

7.2 空洞共振器

の遷移が選択および阻止されるかを考えることができる。

欠陥モードの設計の際に問われる重要な質問は，いかに欠陥を構造中に導入するか，および欠陥がどの周波数で局在モードを保持できるかということである。第一に，欠陥導入の自明な方法は三角格子円柱の一つの直径を大きくするか小さくするかということである。欠陥柱の半径を r_d とすると，r_d がとれる可能な範囲は，構造中に空気円柱がない $r_d = 0$ から，一つの全単位セルを包む空気円柱に対応したおよそ $r_d = a = 0.75$ μm である。

つぎに，結晶のバンドギャップ内部の周波数をもつ光を局在化させる欠陥が欲しい。一般に，欠陥周波数を計算するには，与えられた $\varepsilon(\mathbf{r})$ に対して付録 D で概要を記したようなバンド構造を求める計算手続きを用いる必要がある。この方法を用いて，r_d の半径を全範囲にわたって変化させたときの欠陥周波数を真っ正直なやり方で計算する。その結果を**図 7.3** に示す。

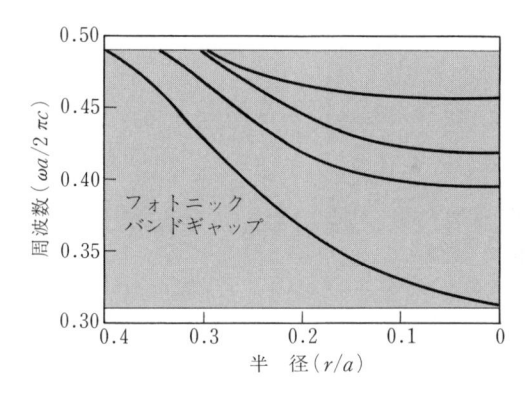

図 7.3 空気円柱の三角格子の TE 空洞モードの円柱寸法 r/a に対するプロット。フォトニックバンドギャップは薄い網目で塗られている。局在モードは太い線で示されている。一つの空気円柱を埋めることによって欠陥空洞を生成することができる。

バンギャップに周波数をもつ欠陥モードをつくるのみならず，r_d を変化することによって欠陥周波数をバンドギャップを横切って連続的に走査できることに注目されたい（同様の結果は 5 章でも検討した）。言い換えれば，r_d をう

まく選ぶことによってバンドギャップ内部の任意の値に欠陥周波数を"同調"させることができる。この完璧な同調性はフォトニック結晶の重要な特徴であり，これは固体の性質を単一の添加原子の半径をうまく調節することによって制御できることに似たものといえよう。

話を具体的にするため，$r_d = 0$ の場合，すなわち三角格子から1個の空気円柱を抜いたものを選んでみよう。これは図7.3の右側（$r/a = 0$）に対応する。空洞共振器として，周波数 $\omega a/2\pi c = 0.31, 0.39, 0.42$ および 0.46 のモードに対する構造を用いることができる。この場合，欠陥は完全反射の壁をもつ空洞に似ており，このような空洞のモード周波数はちょうど金属空洞の場合に似て，場は境界で0になり，したがって空洞の寸法が完全に半波長分か，1波長分かによって半波長，1波長，等々に一致する要求によって評価すること

四重極モード

単極モード　　　　　六重極モード

正

負

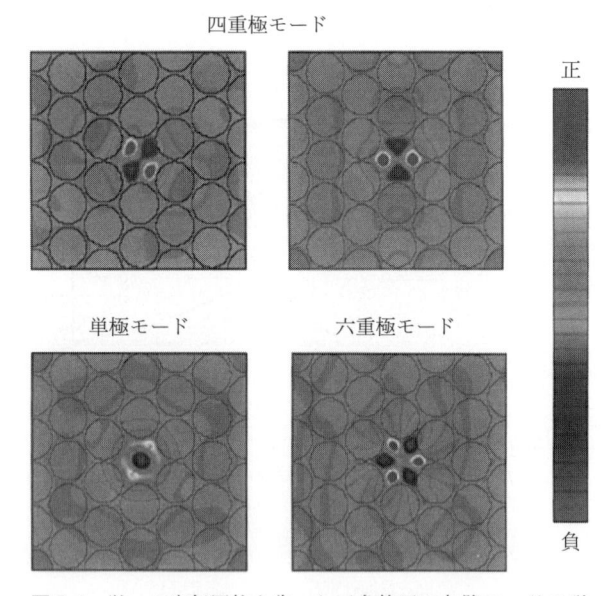

図7.4　単一の空気円柱を失った三角格子の欠陥モードの磁場パターン。すべての場合において，色は頁面から出た向きを指す磁場強度を示す。四重極モード，単極モードおよび六重極モードは図7.3の $r_d = 0$ の場合に対応し，それぞれ周波数 $\omega a/2\pi a = 0.39, 0.42$ および 0.46 をもつ（口絵8参照）。

ができる．もちろん，より精密な数値は完全な計算から得られる．

構造の欠陥モードの磁場パターンを図 7.4 に示す．モード周波数が増加すると節の数（0 磁場になる位置）は増加し，モードプロファイルはより複雑になる．特に欠陥モードの異なる対称性に留意されたい．例えば，モードの一つは単純な円形（単極）対称性と径方向に一つの節をもつが，高次モードは多くの葉形状の対称性をもつ．直交対称性をもつ励振源でこれらのモードを励振する試みは不可能であることがわかるであろう，それゆえ欠陥モードの異なる対称性は空洞共振器設計にある付加的柔軟性を与えるであろう．

7.3 導　波　器

前節でみてきたように，フォトニック結晶に光を拘束するのに点欠陥を用いることができる．線欠陥を用いることによって，一つの位置から他の位置へ光を導くことも可能となる．この基本的考えは完全なフォトニック結晶の中に導波路を刻みこむことである．結晶のバンドギャップ内部の周波数をもつ導波器中を伝搬する光は，導波路に閉じ込められ，かつそれに沿って方向付けられる．その一例を図 7.5 に示す．

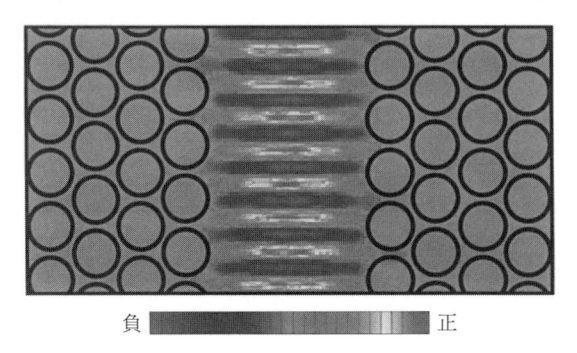

図 7.5　二次元フォトニック結晶中の導波路を伝わる光．チャネルは円柱の列を埋めることによって形成される（口絵 9 参照）．

マイクロ波ではすでに金属導波器および同軸ケーブルが広く用いられているが，この方法の使用限界についてはすでに検討を行った。可視光においては内部全反射による光ファイバケーブルで導波することができる。しかし，もし光ファイバケーブルががっちりした硬い曲線形状をとるとしたら，内部全反射を起こすための入射角は非常に大きくなり，光は曲がり角で漏れ損失を伴うことになる。フォトニック結晶は内部全反射にまったくよらないので，固く固定された曲がり角ですら光を閉じ込め続けることができる。

これらの理由に対して，フォトニック結晶導波器は単色光ビームをある位置から他の位置へと導波する必要があるときはいつでも利用可能であることを確かめることができる。この事態は，現代技術においてますます共通して重要なものになっている。オプトエレクトロニクス回路において，光はマイクロチップの一端から他端に導波され，遠隔通信に使用されるようなファイバ光学回路網において光がある国のある場所から他の国のある場所へと伝送される。

目先を変えて，以前の章において展開した正方円柱の格子を二次元のこの導波素子を説明するために用いてみよう。1.5 μm の光に対して TM モードの導波器を作製することを考える。前のようにギャップ地図を参考にする。空気中に正方格子の GaAs 円柱をつけたものについては付録 C の図 C.1 を利用できる。最大のギャップは $r = 0.18a$ で起こることがわかる。これは約 $\omega a/2\pi c = a/\lambda = 0.4$ であり，$\lambda = 1.5$ μm であるから，$a = 0.6$ μm と $r = 0.1$ μm を必要とする。われわれは誘電体円柱の 1 列を取り去ることによって導波路を形成する。選択すべき幅を大まかに見積もるために，二つの完全反射壁間は空の空間とした導波器を考えてみる。伝搬する波動モードに対して，場は壁で消失すべきである。最低周波数モードについて，壁間隔は正確に半波長に合わせるべきである。これは幅が $\lambda/2 = 0.75$ μm となる。ここでは単純に誘電体円柱 1 列を除去した場合であった。

この系の状態を計算するために，5 章において表面に関係する種々のモードを検討した際行ったことをやる必要がある。そこで二つのフォトニック結晶の表面間の一つの狭いチャネルがある直線状の導波器を考える。ここでわれわれ

7.3 導波器

が必要とする波動は，領域の外側に広がり，かつ結晶の内側で指数関数的に減衰するような結晶のモードである．結晶のバンド構造を表面ブリユアンゾーンに射影によってこのような状態を研究できたことを思い出してみよう（5章および6章の表面モードの節を参照のこと）．そこでは領域外および結晶領域においてそれぞれ広がりモードとエバネセントモードの四つの可能な型のモードを示すプロットを作成した．

図7.6はわれわれの導波器の計算結果を示したものである．図中濃い網目の領域は結晶を通して伝搬できる状態に対応した領域である．太い線は狭い導波チャネル内部を自由に伝わる導波モードを表す．われわれの導波器形状に対して一つの導波モードバンドしか存在しないことに注目されたい．

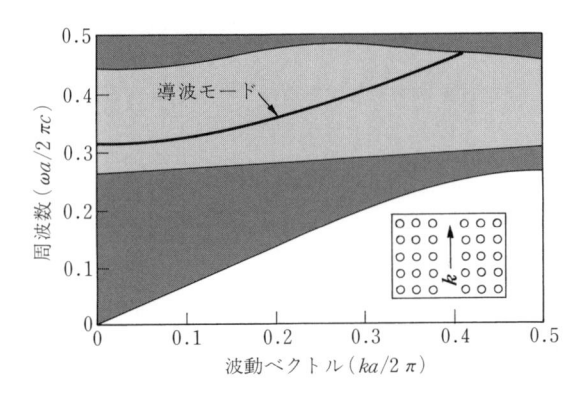

図7.6 空気中の誘電体円柱の正方格子における導波器に対するTMモードの射影バンド構造．濃い網の領域は広がり結晶状態の連続体を含む．フォトニックバンドギャップは薄い網に塗られている．太い線は導波路に沿って伝わる導波モードのバンドである．この導波器は挿入図に示したように誘電体柱を除去することによって形成される．

いったん光が導波路に沿って伝わることが導かれると，光はそれ以外のところにはまったく行くすべがなくなってしまう．導波モードの周波数はフォトニックバンドギャップ中にあるので，モードは結晶内部に逃れることが禁止される．導波路の形状に無関係に，光は導波路内部を反跳することを強いられる．

損失の第一の原因は導波路の入口における反射だけとなりうる。このことは固い曲がり角の周りで光を導くのにフォトニック結晶が使えることを示唆する。空気中の GaAs 正方格子に戻って，図 7.7 のように鋭く 90 度曲がった導波路を形成することができる。ここで，TM モードが曲がり角の周りを伝わるとき，その電気変位場 $D(r)$ をプロットしたものである†。曲がりの曲率半径が光の波長より短いときでさえ，一方の端から他方へとすべての光はきちんと伝わることがわかる。

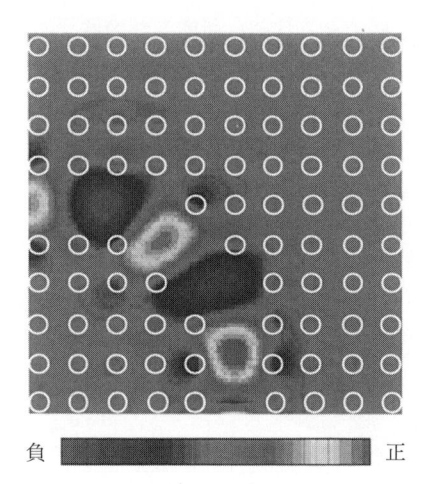

図 7.7 誘電体円柱の正方格子から削りとられた鋭く直角に曲げられた導波路近傍の TM モードの電気変位場。光は下から左に通っている（口絵 10 参照）。

7.4 結　　言

本文の多くのものを通じて，フォトニック結晶のもつ基礎的な物理的原理を強調してきた。いくつかの基礎的な素子を詳細に調べることによって，フォトニック結晶技術の実際的な重要性と多機能性がおわかりいただければ幸いであ

---

† 結晶面法線に関して定義された TM モードは伝搬方向に関して定義される通常の TE 導波モードに対応することに注意されたい（Jackson, 1962 の著書を参照のこと）。

る．これらの例はこれから発見されるべき可能性の氷山の一角にすぎないと信じている．このテキストを書いた最終目的はフォトニック結晶によって与えられる可能性から恩恵を得るであろう多くの研究者の夢をかきたて，それを実現することである．

付　　録

A
量子力学との比較

　本書を通して，特に 2 章と 3 章において量子力学と固体物理学の定式化および方程式との間のいくつかの比較を行った．この付録においてこれらの比較を広範にわたって列挙する．フォトニック結晶をとりまく現象の要約およびそれらを他の分野においてなじみある概念とを関連づける一方法として役立てれば幸いである．

　フォトニック結晶の研究対象の核心は，周期的な誘電媒質中の電磁波の伝搬である．その意味で，量子力学における波動はいささか抽象的となるが，やはり波動の伝搬を研究するものである．原子スケールにおいて，電子のような粒子は干渉とか非局在性をもつ波動様の性質を示し始める．粒子に関する情報を含む機能は，おなじみの波動方程式に類似性をもったシュレーディンガー方程式に従う．

　それゆえ，周期ポテンシャル中の量子力学はわれわれの周期的な誘電体中の電磁気学の研究に相似なものであることは不可思議なことではない．周期的ポテンシャルの量子力学は固体物理の基礎的理論であるので，フォトニック結晶の場は固体物理学の定理や技法の中にわずかに修正を加えた形でそのまま利用できる．**表 A.1** はそれらの対応のいくつかを列挙してある．

表 A.1 周期ポテンシャルにおける量子力学と周期誘電体における電磁場

	周期ポテンシャルにおける量子力学（結晶）	周期誘電体における電磁場（フォトニック結晶）
"すべての情報"をもつ主要関数はなにか	スカラー波動関数 $\Psi(r,t)$	磁気ベクトル場 $H(r,t)$
関数の時間依存性の分離をどのように行うのか（正規モードとするために）	$\Psi(r,t) = \sum_E c_E \Psi_E(r) e^{iEt/\hbar}$ エネルギー固有状態 $\Psi_E(r)$ の組で展開	$H(r,t) = \sum_\omega c_\omega H_\omega(r) e^{i\omega t}$ 調和モード $H_\omega(r)$ の集合で展開
系の正規モードを決定する"マスター方程式"はなにか	$\left(\dfrac{p^2}{2m} + V(r)\right)\Psi_E(r) = E\Psi_E(r)$ シュレーディンガー方程式	$\nabla \times \dfrac{1}{\varepsilon(r)}\nabla \times H_\omega(r) = \dfrac{\omega^2}{c^2}H_\omega(r)$ マクスウェル方程式
主要関数に課されるほかの条件はあるか	関数を正規化する必要がある。	場は正規化され，かつ $\nabla \cdot H = 0$
どこに系の周期性が入るか	すべての格子ベクトル R に対して ポテンシャル $V(r) = V(r+R)$	すべての格子ベクトル R に対して 誘電定数 $\varepsilon(r) = \varepsilon(r+R)$
正規モード間になにか相互作用があるか	大規模計算を困難にする電子-電子間の反発相互作用	線形の範ちゅうでは，光モードはおたがいを通じて乱されることなく，かつ独立に計算できる。
正規モードが共通してもっている重要な性質はなにか	異なるエネルギーをもつ固有状態は直交する。それらは実数の固有値をもち，変分原理で見いだすことができる。	異なる周波数のモードはたがいに直交し，正実数の固有値をもつ。これらは変分原理で求めることができる。
マスター方程式についてどんなことが重要な性質としてかかわっているか	ハミルトニアン H は線形でエルミート演算子である。	マクスウェル演算子 Θ は，線形でエルミート演算子である。
正規モードと周波数を決定する変分定理とはなにか	$E_{var} = \dfrac{\langle\Psi|H|\Psi\rangle}{\langle\Psi|\Psi\rangle}$ E_{var} は Ψ が H の固有状態であるとき最小となる。	$E_{var} = \dfrac{(H,\Theta H)}{(H,H)}$ E_{var} は H が Θ の正規モードなら最小となる。
変分定理を行うにあたっての教育的なことはなにか	波動関数はより低い状態に直交しとどまる間は低いポテンシャルの領域に集中する。	場は低次のモードと直交したまま高 ε 領域に電気エネルギーが集中する。

表 A.1（つづき）

	周期ポテンシャルにおける量子力学（結晶）	周期誘電体における電磁場（フォトニック結晶）
系の物理的エネルギーはなにか	ハミルトニアン H の固有値 E	$E = \left(\dfrac{1}{8\pi}\right)\int dr \left(\dfrac{1}{\varepsilon}\|\boldsymbol{D}\|^2 + \|\boldsymbol{H}\|^2\right)$ 電磁エネルギー
系に対する自然長さの尺度はなにか	通常，ボーア半径のような定数が長さ尺度を設定する。	解は任意の長さ尺度でスケーリングされる。
"A は系の対称性である"という数学的記述はなにか	A がハミルトニアン H と可換：$[A, H] = 0$	A はマクスウェル演算子と可換：$[A, \Theta] = 0$
系の対称性を用いて正規モードをいかに分類するか	正規モードが対称性演算子 A でどのように変換されるかによって区別する。	正規モードが対称性演算子 A でどのように変換されるかによって区別する。
結晶の離散的並進対称性がわれわれに許すものはなにか	$\Psi_k(\boldsymbol{r}) = \boldsymbol{u}_k(\boldsymbol{r})e^{ik,r}$ 波動関数をブロッホ形式で書く。	$\boldsymbol{H}_k(\boldsymbol{r}) = \boldsymbol{u}_k(\boldsymbol{r})e^{ik,r}$ ブロッホ形式で調和モードを書く。
許容される波動ベクトル $\boldsymbol{k}$ の値はなにか	それらは逆格子空間中のブリュアンゾーン内部にある。	それらは逆格子空間中のブリュアンゾーン内部にある。
"バンド構造"の語が意味するものはなにか	許容された固有状態を表す関数 $E_n(\boldsymbol{k})$	許容される調和モードの周波数を表す関数 $\omega_n(\boldsymbol{k})$
バンド構造の物理的起源はなにか	電子は異なるポテンシャル領域から可干渉的に散乱する。	電磁場は誘電定数を異にする領域間の界面で可干渉的に散乱する。
バンド構造中のギャップ内部でなにが起こるか	波動ベクトルにかかわらず，そのエネルギー領域にある伝搬する電子の存在が許されない。	波動ベクトルにかかわらず，その周波数領域では広がりモードの存在が許されない。
ギャップのすぐ上および下のバンドをなんと呼ぶか	ギャップの上のバンドを導電バンド，ギャップの下のバンドを荷電子バンドという。	ギャップの上のバンドを空気バンド，ギャップの下のバンドを誘電バンドという。
系に欠陥を導入する方法は	結晶に原子ポテンシャルの並進対称性を壊す異原子を添加することによって。	$\varepsilon(\boldsymbol{r})$ の並進対称性を壊すように，ある領域の誘電定数を変えることによって。
欠陥の導入によってもたらされる結果は	バンド・ギャップ中に許容状態を生成し，それによって欠陥の周りに局在電子状態をつくる。	バンド・ギャップ中に許容状態を生成し，それによって欠陥の周りに局在モードをつくる。

表 A.1（つづき）

	周期ポテンシャルにおける量子力学（結晶）	周期誘電体における電磁場（フォトニック結晶）
どのように異なる型の欠陥を分類するのか	ドナー原子は導電バンドからギャップの中へ状態を引き寄せる。アクセプタ原子は荷電子バンドからギャップの中へ状態を引き寄せる。	誘電体欠陥は空気バンドからギャップの中へ状態を引き寄せる。大気欠陥は誘電体バンドからギャップの中へ状態を引き寄せる。
要するに，なぜその系の物理学を研究することが重要なのか	物質の電子的性質をわれわれが要望するものに合わすことができる。	物質の光学的性質をわれわれが要望するものに合わすことができる。

B
逆格子とブリユアンゾーン

4章の初めに，周期関数 $u(r)$ で変調された平面波として電磁モードを記述するブロッホ定理を用いた。関数 u は結晶と同じ周期性をもつ。また，ブリユアンゾーンとして知られる逆格子のある領域内にある波動ベクトル k だけを考えた。

このことは，固体物理学あるいは格子が大きな役割をする分野を研究している人にとってなにも目新しいことでない。しかし，ブリユアンゾーンをまだ知らない読者のために，付録で本書の内容を完全に理解する十分な情報を提供しておこう。特に，逆格子を導入し，本書を通して用いるある簡単な例についてブリユアンゾーンを規定しよう。加えて，6章で結晶面を規定するミラー指数記法について述べる。さらに詳細は Kittel（4版は1996）あるいは Ashcroft, Mermin（1976）の著書の最初の数章を参考にされるとよい。

B.1 逆 格 子

格子上で周期的な関数 $f(r)$ を考える。すなわち，格子をそれ自身に移す（一つの格子点をつぎの格子点に結びつける）すべてのベクトル R に対して，$f(r) = f(r+R)$ を考えよう。われわれの誘電関数 $\varepsilon(r)$ はそのような関数の一例である。ベクトル R の集合を**格子ベクトル**という。

周期関数を解析する際の自然なやり方はフーリエ変換をとることである。すなわち，周期関数 $f(r)$ をいろいろな波動ベクトルをもつ平面波からつくることである。展開は式 (B.1) のようである。

$$f(\boldsymbol{r}) = \int d\boldsymbol{q}\, g(\boldsymbol{q}) e^{i\boldsymbol{q}\cdot\boldsymbol{r}} \tag{B.1}$$

ここで，$g(\boldsymbol{q})$ は波動ベクトル $\boldsymbol{q}$ をもつ平面波上の係数である。このような展開は性質が素直な任意の関数について実行できる。しかし，われわれの関数は格子に関して周期的である。このことは展開についてどんな情報をもたらすであろうか。展開において $f(\boldsymbol{r}) = f(\boldsymbol{r} + \boldsymbol{R})$ の要請は

$$f(\boldsymbol{r}+\boldsymbol{R}) = \int d\boldsymbol{q}\, g(\boldsymbol{q}) e^{i\boldsymbol{q}\cdot\boldsymbol{r}} e^{i\boldsymbol{q}\cdot\boldsymbol{R}} = f(\boldsymbol{r}) = \int d\boldsymbol{q}\, g(\boldsymbol{q}) e^{i\boldsymbol{q}\cdot\boldsymbol{r}} \tag{B.2}$$

となる。f の周期性はそのフーリエ変換 $g(\boldsymbol{q})$ に $g(\boldsymbol{q}) = g(\boldsymbol{q})\exp(i\boldsymbol{q}\cdot\boldsymbol{R})$ をもつことを要求する。これは $g(\boldsymbol{q}) = 0$ あるいは $\exp(i\boldsymbol{q}\cdot\boldsymbol{R}) = 1$ でない限り不可能である。言い換えれば変換 $g(\boldsymbol{q})$ は，すべての $\boldsymbol{R}$ に対して $\exp(i\boldsymbol{q}\cdot\boldsymbol{R}) = 1$ であるような離散的な $\boldsymbol{q}$ の値を除けばいたるところで 0 となる。

いまわかったことは，もし平面波から格子の周期関数 f をつくろうとすると，すべての格子ベクトル $\boldsymbol{R}$ に対して $\exp(i\boldsymbol{q}\cdot\boldsymbol{R}) = 1$ を満たす波動ベクトル $\boldsymbol{q}$ をもつ平面波だけを用いる必要がある。この記述は，一次元においては簡単な類例がある。すなわち，周期 τ をもつ周期関数 $f(x)$ を正弦関数から構成しようとすると，周期 τ をもつ"基本波"正弦関数と周期が $\tau/2$, $\tau/3$, $\tau/4$ 等々をもつ高調波正弦関数だけで用いる必要がある。

$\exp(i\boldsymbol{q}\cdot\boldsymbol{R}) = 1$ あるいは，等価的に $\boldsymbol{q}\cdot\boldsymbol{R} = n2\pi$ $(n = 0, \pm1, \pm2, \cdots)$ を満足するベクトル $\boldsymbol{q}$ を**逆格子ベクトル**と呼び，通常文字 $\boldsymbol{G}$ でもって定義される。それらはそれら自身格子を形成する。例えば，容易にわかるように二つの逆格子ベクトル $\boldsymbol{G}_1$ と $\boldsymbol{G}_2$ を加えると別の逆格子ベクトルをつくる。関数 $f(\boldsymbol{r})$ をすべての逆格子ベクトルにわたって重みをつけて和をとることによってつくることができる。すなわち

$$f(\boldsymbol{r}) = \sum_{G} f_G e^{i\boldsymbol{G}\cdot\boldsymbol{r}} \tag{B.3}$$

B.2 逆格子ベクトルをつくるには

格子ベクトルの集合 $\{R\}$ が与えられたとき，どのようにしてすべての逆格子ベクトル $\{G\}$ を決定することができるであろうか。すべての R について $G \cdot R$ が 2π の整数倍になるすべての G を見いだす必要がある。

各格子ベクトル R は一つの格子点から他の格子点を指す最小のベクトル，**基本格子ベクトル**（primitive lattice vectors）でもって書き表すことができる。例えば，間隔 a をもつ単純立方格子上で，ベクトル R は (l, m, n) を整数として $R = la\hat{x} + ma\hat{y} + na\hat{z}$ の形になるであろう。一般には，基本格子ベクトル a_1, a_2, a_3 と書き，それらは単位長さである必要はない。

われわれはすでに逆格子ベクトル $\{G\}$ はそれ自身格子が格子を形成することを述べた。事実，逆格子はまた基本ベクトル b_j の集合をもち，それゆえそれぞれの逆格子ベクトル G は $G = lb_1 + mb_2 + nb_3$ のように書くことができる。$G \cdot R = n2\pi$ という要請はつぎの基本的要求に要約される。

$$G \cdot R = (la_1 + ma_2 + na_3) \cdot (l'b_1 + m'b_2 + n'b_3) = N2\pi \qquad \text{(B.4)}$$

(l, m, n) のすべての選択肢に対して，上の関係式は任意の N について成立しなければならない。少し考えてみると $i = j$ ならば $a_i \cdot b_j = 2\pi$，$i \neq j$ ならば 0 になるように b_j をつくると式 (B.4) を満足する。これを簡潔に表現すると，$a_i \cdot b_j = 2\pi \delta_{ij}$ と書ける。われわれのやるべき仕事は一組の $\{a_1, a_2, a_3\}$ が与えられたとき，$a_i \cdot b_j = 2\pi \delta_{ij}$ を満たす対応した一組の $\{b_1, b_2, b_3\}$ を見いだすことである。

これを行う一方法は外積の特徴を利用することである。任意のベクトル x, y に対して，$x \cdot (x \times y) = 0$ であることを思い出すと，つぎの表式のように基本逆格子ベクトルを作ることができる。

$$b_1 = 2\pi \frac{a_2 \times a_3}{a_1 \cdot a_2 \times a_3}, \quad b_2 = 2\pi \frac{a_3 \times a_1}{a_1 \cdot a_2 \times a_3}, \quad b_3 = 2\pi \frac{a_1 \times a_2}{a_1 \cdot a_2 \times a_3}$$

$$\text{(B.5)}$$

要約すると,格子の周期性をもつ関数のフーリエ変換を考えるとき,逆格子ベクトルとする波動ベクトルを含む項だけが必要となる。逆格子ベクトルをつくるには,基本格子をとり式 (B.5) の演算を実行すればよい。

B.3 ブリユアンゾーン

3章において,フォトニック結晶の離散した並進対称性によって波動ベクトル k をもつ電磁波モードを分類することができる。モードは格子の周期性を共有する関数で変調された平面波からなる,いわゆる"ブロッホ型"の関数で記述できる。すなわち

$$H_k(r) = e^{ik\cdot r} u_k(r) = e^{ik\cdot r} u_k(r+R) \tag{B.6}$$

ブロッホ状態の重要な特徴の一つは,異なる k の値が必ずしも異なったモードにならないことである。特別に G が逆格子ベクトルであるなら波動ベクトル k をもつモードと $k+G$ をもつモードは同じモードである。波動ベクトル k は u で書かれる種々のセル間の位相関係を特定する働きをする。k が G だけ増加すると,セル間の位相は $G\cdot R$ だけ増大する。それは $n2\pi$ となり,事実上位相差はない。それゆえ,G によって k が増加しても同じ物理的モードであるといえる。

これは k のラベル付けに大きな冗長度があることを意味する。任意の G を加えてもブリユアンゾーンの体積の一部から他の域の体積には得られない逆空間内の有限な域に関心を制限することができる。この域の外部にある k のすべての値は定義により域内部から G を加えることにより達成することができ,それゆえそれらは冗長なレベルにある。

この域が**ブリユアンゾーン** (Brilliouin zone) である。これをもっと目に見える方法で特徴づけるのはつぎのようである。逆空間内の任意の点の周りで,任意の他の格子点よりもその格子点により近い体積に注目を集中する。元の格子点を原点と呼ぶと,注目した域がブリユアンゾーンになる。

二つの定義は等価である。もし,ある特定の k が隣の格子点により近けれ

ば，元の格子ベクトルにより接近してとどまることによって必ずその格子点に到達することができ，それから一つの格子点から他の格子点に到達する G だけ並行移動する。この状況を図 B.1 に示した。

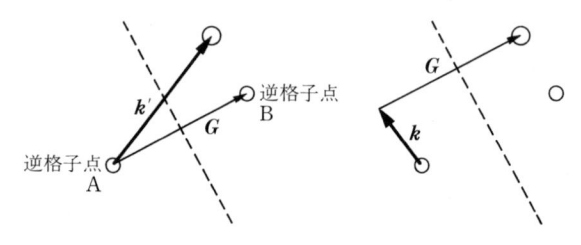

図 B.1 ブリユアンゾーンの特定の仕方。点線は二つの格子点を結んだ線（細線）の垂直二等分線である。左側の点を原点に選んだとき，外の側にある任意の点に達する（k' のような）任意の格子ベクトルは，k のような同じ側にある格子ベクトルと逆格子ベクトル G の和で書き表せる：$k' = k + G$

つぎの数節は本書の内容から離れて，いくつかの特別な格子の逆格子とブリユアンゾーンを調べることに当てることにする。

B.4 二次元格子

5 章において，正方あるいは三角格子に基づいたフォトニック結晶を詳しく調べた。それでは，それぞれの格子の逆格子とブリユアンゾーンはどんなものであろうか。

間隔 a の正方格子に対して，格子の基本ベクトルは $\boldsymbol{a}_1 = a\hat{\boldsymbol{x}}$ および $\boldsymbol{a}_2 = a\hat{\boldsymbol{y}}$ である。式 (B.5) の処方箋を用いると，z 方向の第三の基本ベクトルは，結晶がこの方向には一様であるので任意の長さをもつベクトルである。逆格子の基本ベクトルは，$\boldsymbol{b}_1 = (2\pi/a)\hat{\boldsymbol{y}}$，および $\boldsymbol{b}_2 = (2\pi/a)\hat{\boldsymbol{x}}$ となる。この逆格子はまた間隔 $2\pi/a$ の正方格子となる。これは $1/a$ に比例しており，"逆格子"の名前がこのことをよく表している。

ブリユアンゾーンを決定するために，特定の格子点（原点）に注目する。そ

して任意の格子点からその格子点がより近い領域に陰を付ける。幾何学的には，原点を出発したすべての格子ベクトルの垂直二等分線を引く。各二等分線は格子を二つの半平面に分割する，その一つはわれわれが注目している格子点（原点）を含む。この格子点を含むすべての半平面の交線で囲まれた薄い網目で示した領域が（第一）ブリュアンゾーンである。正方格子の格子ベクトル，逆格子ベクトルおよびブリュアンゾーンを図 B.2 に示した。

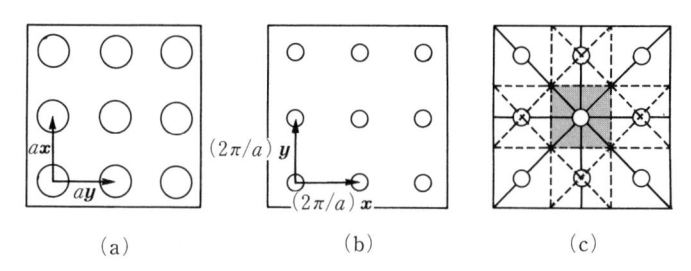

図 B.2 正方格子。図(a)に実空間の格子点のネットワーク。図(b)にはこれに対応する逆格子。図(c)にはブリュアンゾーンの構成の仕方，すなわち，図の中心の逆格子点を原点にとり，原点と最も距離の短い他の逆格子点を結んだ線（太線）。それらの二等分線（点線）をつくる。ブリュアンゾーンは薄い網目で示した正方形の境界で囲まれた領域である。

同様な手法で三角格子を取り扱うことができる。格子ベクトルは図 B.3 に示すように，$a_1 = a(\hat{y} + \hat{x}\sqrt{3})/2$ および $a_2 = a(\hat{y} - \hat{x}\sqrt{3})/2$ となる。式 (B.5) の処方箋を用いて，逆格子ベクトルは，$b_1 = (2\pi/a)(\hat{x}\sqrt{3} + \hat{y})/2$ および b_2

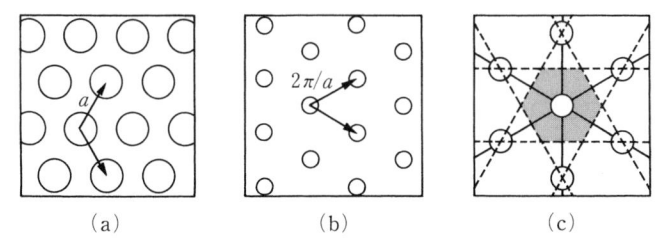

図 B.3 三角格子。図(a)に実空間の格子点。図(b)にはこれに対応した逆格子点，この場合元の格子点を 60°回転させたものになっている。図(c)にはブリュアンゾーンの構成の仕方。ブリュアンゾーンは原点の周りに中心をもつ六角形になる。

$= (2\pi/a)(\hat{x}\sqrt{3} - \hat{y})/2$ となる。これはまた三角格子であるが，最初のものを90°だけ回転し，間隔を $2\pi/a$ 倍したものになっている。上で概説した構成法によって決定したブリュアンゾーンは薄い網目で示した六角形の領域である。

B.5 三次元格子

三次元の場合にも適当に拡張することによって構成することができる。格子ベクトルに垂直二等分線を引く代わりに，格子ベクトルを二等分する垂直面をつくる。それで，原点を含むすべての半空間で切り取られる空間がブリュアンゾーンとなる。

本書で最も注意を払っている格子は**面心立方格子**（face-centered cubic lattice）である。これは立方格子に似ているが，立方体の各面の中心にもう一つの格子点が付加されたものである。この基本格子ベクトルは，$a_1 = a/2(\hat{x} + \hat{y})$，$a_2 = a/2(\hat{y} + \hat{z})$ および $a_3 = a/2(\hat{z} + \hat{x})$ である。

式 (B.5) の処方を用いて，逆格子は**体心立方格子**（body-centered cubic lattice）を形成することがわかる。これは立方格子に似ているが，各立方体の中心に一つの格子点を付加したものである。逆格子の基本ベクトルは，$b_1 = (2\pi/a)(\hat{x} + \hat{y} - \hat{z})$，$b_2 = (2\pi/a)(-\hat{x} + \hat{y} + \hat{z})$ および $b_3 = (2\pi/a)(\hat{x} - \hat{y} + \hat{z})$ となる。

通常のやり方で決定されるブリュアンゾーンは図 B.4 に示す面切り正八面体（truncated octahedron）となる。この図中，既約ブリュアンゾーンの特殊

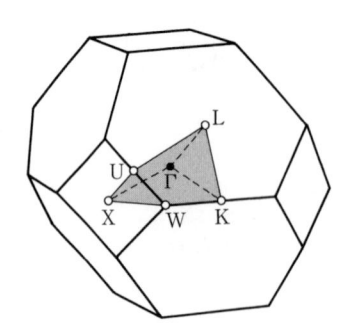

図 B.4 面心立方格子のブリュアンゾーン。逆格子は体心立方格子となる。ブリュアンゾーンは Γ 点を中心とする面切り正八面体である。また図には伝統的なゾーン内の特別な方向に与えられる名称が示されている。既約ブリュアンゾーンは薄い網で示した頂点 Γ，X，U，L，W をもつ多面体である。

な点に対して伝統的な名前を添えてある。

B.6 ミラー指数

逆格子でなく再度実格子に話題を戻す。結晶の方向および面を規定する系統的な方法があると非常に便利である。例えば6章において，ヤブロノバイト（Yablonovite）結晶のいろいろな切断面と方向を規定した。結晶格子の面を規定する伝統的な方法がミラー指数（Miller indices）である。面を特性づけるため，平面内に一つの直線上にない三つの点で特徴づけることが必要となる。結晶面のミラー指数は，結晶の格子ベクトルに関係したこのような三つの点の位置を与える整数である。

格子ベクトルが a_1, a_2 および a_3 をもつ結晶を考える。この結晶の単位セルは端に沿って a_1, a_2 および a_3 をとることによって表される。結晶の特定の面を名付けるために，このような図の上に平面を書く。一般に面は a_1, a_2 および a_3 軸と交差する。一例として特別の場合 $a_1 = a\hat{x}$, $a_2 = a\hat{y}$, $a_3 = a\hat{z}$ について図 B.5(a) に示す。この面は x 軸と $a/2$ で交差し，y 軸と a で交差し，また z 軸と $2a$ で交差する。

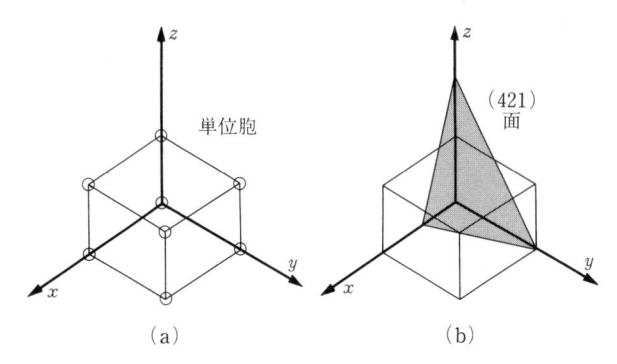

図 B.5 結晶面のミラー指数。図(a)：単位セル。単位セルの各方向の長さはその方向の格子定数 a をもつ。図(b)：網目をつけた平面は面が軸を切る位置によって本文に述べたように命名される。

まず各軸と交差する点の逆数 $2/a$, $1/a$, $1/2a$ をとる。つぎに同じ比をもつこれら三つの最小の整数を見つける。これは 4, 2, 1 である。この整数がミラー指数であり，この平面を (4, 2, 1) で表す。この平面に垂直な方向は [4, 2, 1] として知られる。

ここで二つの共通した複雑な場合がある。最初のものは，平面が特別の格子ベクトルに平行なときであり，軸と決して交わらない。この交点は無限大，つまりその逆数は 0 となる。この方向のミラー指数は 0 である。図 **B**.6(a) はこのような場合の一例で，立方格子の (100) 面を示す。

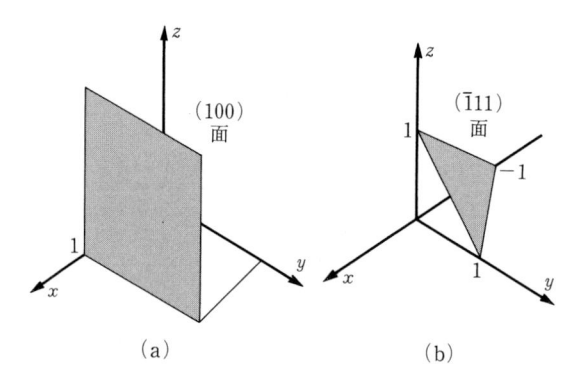

図 **B**.6 ミラー指数と特殊な場合。(a): 単純立方格子の (100) 面。平面は決して y 軸および z 軸と交わらない。それでその指数は 0 となる。(b): 単純立方格子の ($\bar{1}$11) 面。面は x 軸を -1 で切る。それで対応する指数の上に横棒をつける。

第二のものは，平面が軸と負の値をとって交わる場合である。その方向に対するミラー指数は負である。伝統的に，これは負数を用いる代わりに正数の上に横棒を付けて示す。例えば図 B.6(b) は立方格子の ($\bar{1}$11) 面を示す。

C
二次元フォトニック結晶のバンドギャップアトラス

本付録において，いくつかの二次元フォトニック結晶のバンドギャップの位置をチャートにして図示しよう。これは以下の二つの目的に役立つことを願ったものである。まず第一に，フォトニック結晶のもつ工学的応用の可能性は非常に計り知れないほど大きい。すなわち，可能なフォトニック結晶の種類は非常に多いので，望んだ位置にバンドギャップをもつ結晶を設計することは実際に重要となる。第二に，これらの結晶が特別な応用に適している場合，容易に作製できる便利なアトラスとして役立てることである。

C.1 ギャップ地図を読む

フォトニック結晶の一つもしくはそれ以上のパラメータを変えたときのフォトニックバンドギャップの位置のプロットは"ギャップ地図"といわれるものである。本付録において，円筒柱の半径を変化させたときの正方格子および三角格子のバンドギャップを示そう。これをそれぞれの格子について空気中に誘電体円筒および誘電体中に空気の円筒がある場合について誘電コントラストを 11.4[†] に対して示す。TE および TM 偏光を一緒にプロットする。いろいろな格子およびコントラストに対するギャップ地図のより大きなデータ集積は Meade らの著書 (1993 b) を参照されたい。

ギャップ地図の横軸には円筒の半径を，縦軸には周波数を無次元化してとってある。バンドギャップの位置は TE および TM 偏光の両者について輪郭を

[†] これは 1.0 μm から 10.0 μm の波長に対するヒ化ガリウム (GaAs) と大気間の誘電定数である [Pankove (1971)]。

描いてある。特別な応用に対する結晶を見いだすためギャップ地図を利用するときに，周波数と格子定数は2章で展開したスケーリング法則を用いて目的とする大きさに寸法付けしなければならない。

C.2 ギャップ地図の例

最初われわれが考察する二次元フォトニック結晶は，正方格子に配列された平行な円柱からなるものである。柱の半径 r，格子定数 a とする。まず空気中に誘電体（$\varepsilon = 11.4$）柱の場合を考察する。そのギャップ地図を図 C.1 に示す。

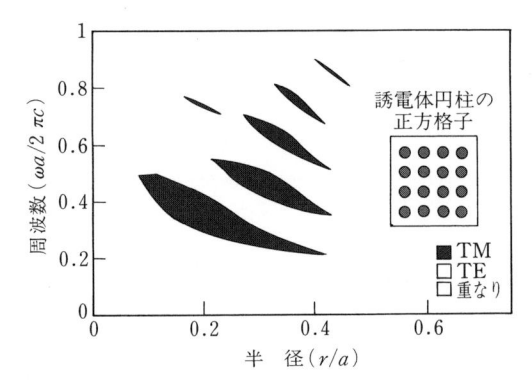

図 C.1 誘電体円柱（$\varepsilon = 11.4$）の正方格子のギャップ地図

一見してギャップ地図は興味ある規則性をもつことがわかる。まず第一にギャップはすべて r/a が増加すると周波数が減少する。これは周波数が誘電定数 ε の媒質中で $1/\sqrt{\varepsilon}$ に従って目盛られる，したがってそして r/a の増加とともに媒質の平均誘電定数は単調に増大することから予想される特徴である。第二に，プロットを誘電体円柱が空間を満たす $r/a = 0.70$ まで大きくしたとしても，ギャップすべては誘電体円柱がたがいに接触し始める $r/a = 0.50$ の範囲までに限定される。第三にそしておそらく最も顕著な特徴はより高い周波数において最低，最大のギャップが繰り返されることである。すなわち，大雑

把に等しい間隔で最低ギャップのより小さなコピーが逐次その上に積み重ねられることである。$r/a = 0.38$ においてバンド構造の中に四つの TM 偏光のギャップがある！

しかし，TE 偏光に対しては，このような領域は図 C.1 からずっと少ないことがわかる。図示した周波数範囲には正方格子に対してはまったく意味のある TE ギャップが存在しない。この結果は連結した高 ε 領域は TE ギャップを導電的にし，孤立したつぎはぎの高 ε 領域は TM ギャップになろうとする 5 章の発見的例題と一致している。

さて，誘電体配置を逆にしてみよう。すなわち，正方格子の円柱は空気（$\varepsilon = 1$）で，周りの媒質が $\varepsilon = 11.4$ とする。両方の分極に対するギャップ地図を図 C.2 に示す。この場合，図から直ちに平均誘電定数が円柱の r/a 増加とともに減少するので周波数は増加することがわかる。TM モードに対するギャップ構造は $r/a = 0.45$ 付近で開くように見える，これは図 C.1 の誘電体円柱の場合にはここで鋭く閉じるのと対比される。明らかに，空気円柱間が接触する $r/a = 0.5$ 付近は重要で，図 C.2 の挙動に大きな変化が見られる。

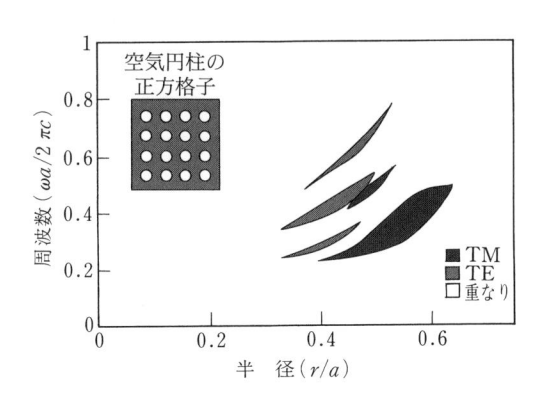

図 C.2　誘電媒質（$\varepsilon = 11.4$）の中を空気円柱を切り抜いた正方格子のギャップ地図

TE 偏光に対しては，空気円柱の正方格子は図 C.2 に見られるように誘電体円柱のものよりわずかにうまくいく。いくつかの薄いギャップが注目される。しかし，それらのギャップで TM モードのギャップと重なり合っているもの

はないので，ここで用いた誘電定数の値では正方格子に対して完全バンドギャップはないといえる．つぎに扱う円柱の三角格子にはこのような完全バンドギャップが存在しうる．

二番目の構造，円柱の三角格子を図 C.3 の挿入図に示してある．ここで円柱は $r/a = 0.5$ でおたがいに接触し始め，$r/a = 0.58$ で空間を満たす．再度，空気中に誘電体柱（$\varepsilon = 11.4$）と誘電体媒質中に空気円柱がある場合に区別して調べる．まず，空気中の誘電体円柱から始める．

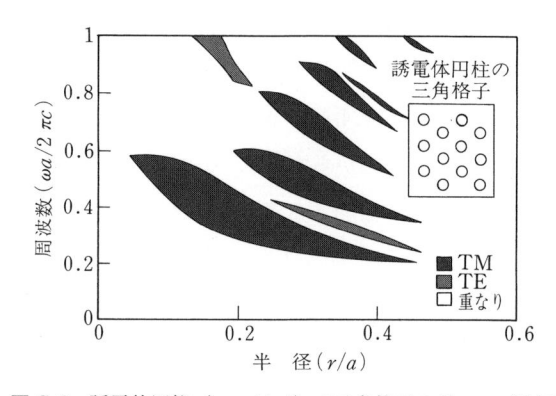

図 C.3 誘電体円柱（$\varepsilon = 11.4$）の三角格子のギャップ地図

図 C.3 はそのギャップ地図を示す．これと誘電体円柱の正方格子の TM 偏光に対する図 C.1 との顕著な自己相似性がここで反映されている．つぎつぎと生じるギャップは形状ならびに方位が似ており，おたがいに規則的に重なっている．カットオフは $r/a = 0.45$ で起こり，この場合もまた円柱の接触条件の近くにある．

TE モードのギャップ地図は，正方格子に対応したものと同様まばらなものである．薄片状のものしか認められない．r/a が ω とともに減少するとか，$r/a = 0.5$ で遷移するとかいった地図の大まかな性質はすでに検討したものと同じ傾向に従っている．

最後に，誘電体中にある空気の円柱の場合に戻る．ギャップ地図を図 C.4 に示す．ギャップは誘電体円柱に対するギャップに大きさにおいてほとんど比

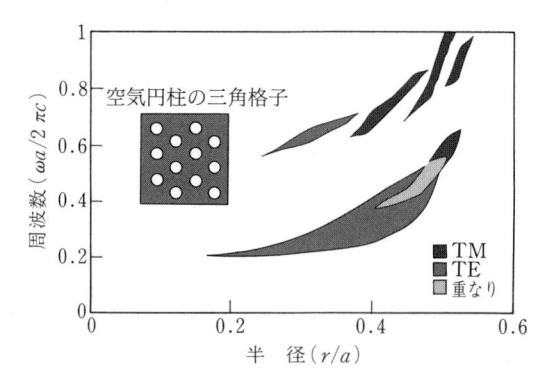

図 C.4 誘電媒質（$\varepsilon = 11.4$）の中を空気円柱を切り抜いた三角格子のギャップ地図

較できないが，最低のギャップに注目すべきである．それはたまたま最低のTEギャップと同じ場所で起こり，それでもって完全バンドギャップを形成する．

$r/a = 0.25$ と 0.5 の間の大きなTEギャップは上で注目したTMギャップと重なり合う十分な空間を提供する．それゆえ，0.45 付近の大きな r/a に対して，空気円柱の三角格子は $0.45(2\pi c/a)$ の付近の周波数ですべての偏光に対して完全バンドギャップを保持する．この発見は最初Meadeら（1992）とVillenuveとPiche（1992）によって報告された．

正方および三角格子の調査が完了したいま，地図から得られる目立つ点を集約してみる．空気中の誘電体円柱に対して，柱がたがいに接触する大きさになるとTM偏光に対しバンドギャップが頻繁に現れる．空気円柱に対しては，TE偏光がより多くバンドギャップをもち，三角格子に対し一つの完全バンドギャップがある．

バンドギャップは正方格子や三角格子のような単純な構造で現れるけれども，これらのギャップは光学的でない．特に，両方の分極に対して重なっているバンドギャップをもち，作製が容易な二次元構造が望まれる．空気円柱の三角格子で，そのようなギャップをもつことを図C.4で知ったが，それが起こるのは円柱の直径が $d = 0.95a$，ギャップ中心周波数 $\omega a/2\pi c = 0.48$ であ

る。それゆえ,この構造は空気円柱間が $0.05a$ 幅という支脈状の非常に薄い誘電体をもつことになる。事実,$\lambda = 1.5$ μm でバンドギャップをもつこのような構造をつくることは 0.035 μm の形状寸法を要求する。一方,このような形状寸法は 7 章の図 7.2 のように電子ビームリソグラフィーを用いて作製できるかもしれないが,これは非常に難しい製作工程である(Wendt らの論文 (1993) を参照のこと)。

幸いにも,適当な構造が見いだされる格子配列のより多くの可能性がある。例えば,"蜂の巣格子"を考えてみよう。この構造のギャップ地図を図 **C.5** に示す。この図から大きなギャップの重なりは約 $r/a = 0.14$ と $\omega a/2\pi c = 1.0$ で示し,これは三角格子における完全バンドギャップよりずっと大きな広がりである。

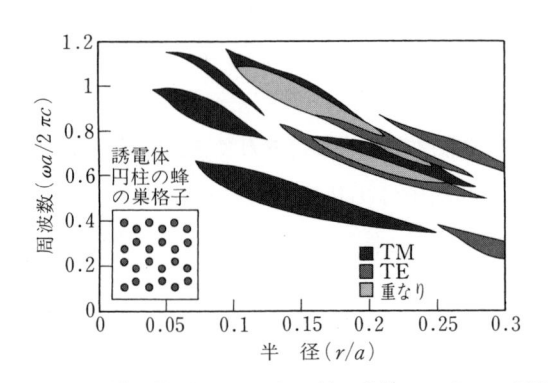

図 **C.5** 誘電体円柱($\varepsilon = 11.4$)の蜂の巣格子のギャップ地図

このような構造を $\lambda = 1.5$ μm でバンドギャップをつくるには,0.45 μm の形状寸法を要求することになろう。この改善はこのような二次元格子の作製は手に負えなくないものである。

D
フォトニックバンド構造の計算

D.1 第一原理計算

本文において,多くの種類のフォトニック結晶のバンド構造を取り上げ,それぞれについて興味ある特徴を説明した。しかし,まずどのようにしてバンド構造を決定するのであろうか。与えられたフォトニック結晶 $\varepsilon(\boldsymbol{r})$ について,どのようにしてバンド構造関数 $\omega_n(\boldsymbol{k})$ を得るのであろうか。採りうる方法の一つは大きな結晶をつくり散乱実験を行うことである。光ビームを結晶に当て,ある与えられた周波数 ω でどのような $\varDelta\boldsymbol{k}$ の値が許されるかを決定することによって,実験的にバンド構造を埋めていくことができる。もちろん,これは言うに易し行うに難しであり,結晶の作製プロセスや実験の詳細はきわめて複雑なものになる。

しかし,この分野の一つの著しい特徴はバンド構造が第一原理的に計算でき,計算結果がつじつまが合うよう可能な実験と完全に一致できることである。マクスウェル方程式は実際上正確であり,疑問になるような仮定や通常コンピュータシミュレーションの場合のような単純化も必要としない。適当な理論的な道具だてを用いてコンピュータ上で目的とする性質をもつフォトニック結晶を設計でき,それからこれらを製作するのである。コンピュータは実験室の前段となる。

ここでは,本文中のいくつかの点で言及した計算上の構成法の概要を簡単に述べることにする。われわれの研究において,この構成法を用いた計算結果が実験とよく合う結果を得ており,本文中のバンド構造の作成に用いた。さらに

詳細にわたる検討は Meade らの論文（1993 a）を参照されたい。またバンド構造のほかの計算方法は Ho ら（1990）および Sozuer ら（1992）の論文に記載されている。

D.2　計算上の構成法

計算の最終目標は，横偏波の要請を課してフォトニック結晶の磁気モードに対する"マスター方程式"を解くことである。それを行うには与えられた結晶に対してどれが許容されるモード周波数であるか，そしてどの波動ベクトル k がそれらのモードに関係するかを決定することである。言い換えればバンド構造を決定できる。2章の結果を繰り返して述べると，マスター方程式は

$$\nabla \times \left(\frac{1}{\varepsilon(r)} \nabla \times H_\omega(r) \right) = \left(\frac{\omega}{c} \right)^2 H_\omega(r) \tag{D.1}$$

である。

加えて，場の横偏波の要請 $\nabla \cdot H_\omega(r) = 0$ が強要される。いまの場合，添字に ω をつけたのは場のパターンが特定の周波数に対応したものであることを強調するためである。

つぎに，場のパターンを平面波の集合に展開する。これは微分方程式をコンピュータで直ちに解ける線形方程式の系に変換するものである。$H(r)$ が $\varepsilon(r)$ の周期性をもっていることを要請することは，帰するところ展開において結晶の逆格子ベクトル G を含むものだけに限られる。したがって

$$H_\omega^k(k) = \sum_{G\lambda} h_{G\lambda} \hat{e}_\lambda e^{i(k+G) \cdot r} \tag{D.2}$$

各モードは一つの波動ベクトル k をもつと規定し，各モードはすべての逆格子ベクトル G について波動ベクトル $k + G$ をもつ平面波からつくられる。各平面波の分極はラベル λ で指数付けられた二つの単位ベクトル $\hat{e}_\lambda (\lambda = 1, 2)$ の一つである。横偏波性の要請から $\hat{e}_\lambda \cdot (k + G) = 0$ の関係を満たす平面波のみを考えることを強要する。

展開式（D.2）をマスター方程式（D.1）に代入する前に，誘電関数 $\varepsilon(r)$ を展

開する必要がある．再度周期性のため波動ベクトルが逆格子ベクトルである平面波だけを考える必要がある．$\varepsilon(\boldsymbol{G},\boldsymbol{G}')$ を波動ベクトル（$\boldsymbol{G}'-\boldsymbol{G}$）をもつ平面波に対する係数と呼ぼう．両方の方程式をマスター方程式 (D.1) に代入すると，展開係数に関する一次方程式の系が得られる．すなわち

$$\sum_{(G\lambda)'} \Theta^k_{(G\lambda)(G\lambda)'} h_{(G\lambda)'} = \left(\frac{\omega}{c}\right)^2 h_{(G\lambda)} \tag{D.3}$$

ここで，$\boldsymbol{k}$ 依存するマトリックス Θ をつぎのように規定する．

$$\Theta^k_{(G\lambda),(G\lambda)'} = [(\boldsymbol{k}+\boldsymbol{G})\times \widehat{\boldsymbol{e}}_\lambda]\cdot[(\boldsymbol{k}+\boldsymbol{G}')\times \widehat{\boldsymbol{e}}_{\lambda'}]\varepsilon^{-1}(\boldsymbol{G},\boldsymbol{G}') \tag{D.4}$$

これから，エルミート固有値問題に使われる種々の解法の中の一つを用いる[†]．2章の例題で変分定理を取り扱った．そこではエルミート演算子の真の固有ベクトルはたがいに直交するという制限を課して，単純な手順で与えられる変分エネルギーを最小にするものであると述べた．

その証明はここでは与えないが，固有値問題の変分エネルギーは次式で与えられる．

$$E_{var} = \frac{\sum_{(G\lambda)'}\sum_{(G\lambda)} h_{(G\lambda)}{}^* \Theta^k_{(G\lambda)(G\lambda)'} h_{(G\lambda)'}}{\sum_{(G\lambda)} h_{(G\lambda)}{}^* h_{(G\lambda)}} \tag{D.5}$$

詳細に調べてみると，上式は元の微分方程式の変分エネルギー $(\boldsymbol{H},\Theta\boldsymbol{H})/(\boldsymbol{H},\boldsymbol{H})$ と類似の形をしている．実際この形はすべてのエルミート固有値問題に対して成り立つ．

これから，計算の手続きは原理的には単純である．まず思考から試行関数 $h_{(G,\lambda)}$ を仮定してコンピュータで変分エネルギーを計算する．そして変分エネルギーを下げるように試行関数を更新する．試行関数は前に求めた任意の固有ベクトルに直交することが強制される．最終的にアルゴリズムで真の $h_{(G,\lambda)}$ に収束しつぎの手続きに移る．

しかし，多くの場合，誘電関数 $\varepsilon(\boldsymbol{r})$ は連続的でなくむしろ異なる一定の ε の値の領域のつぎはぎになっている．これは本質的に収束を困難にする原因になっているが，適当な内挿法によって取り除くことができる．この詳細に関し

[†] 例えば Golub と van Loan (1989) の文献を参照のこと．

てはMeadeらの論文（1993 a）を参照されたい。

このようにして，与えられたkに対するすべての固有値$(\omega/c)^2$を求めることができる。この情報から本文中に示したようなバンド構造関数$\omega_n(k)$を図示することができる。

参 考 文 献

1) Ashcroft, N. W., and N. D. Mermin. 1976. *Solid State Physics*. Saunders College, Philadelhia.
2) Aspnes, D. E. 1982. "Local-field effects and effective medium theory : A microscopic perspective." *Am. J. Phys.* **50**, 104.
3) Bloembergen, N. 1965. *Nonlinear Optics*. W. A. Benjamin, New York.
4) Chan, C. T., K. M. Ho, and C. M. Soukoulis. 1991. "Photonic band Gaps in Experimentally Realizable Periodic Dielectric Structures." *Europhys. Lett.* **16**, 563.
5) Fowles, Grant R. 1975. *Introduction to Modern Optics*. Dover, New York.
6) Golub, G., and C. Van Loan. 1989. *Matrix Computations*. Johns Hopkins University Press, Baltimoure.
7) Griffiths, D. J. 1989. *Introduction to Electrodynamics*. Prentice Hall, Englewood Cliffs, N. J.
8) Hamermesh, Morton. 1962. *Group Theory and Its Application to Physical Problems*. Dover, New York.
9) Harrision, W. A. 1979. *Solid State Theory*. Dover, New York.
10) Harrison, W. A. 1980. *Electronic Structure*. Freeman Press, San Francisco.
11) Hecht and Zajac. 1974. *Optics*. Addison-Wesley, Reading, Mass.
12) Ho, K. M., C. T. Chan, and C. M. Soukoulis. 1990. "Existence of photonic gaps in periodic dielectric structures." *Phys. Rev. Lett.* **65**, 3152.
13) Jackson, J. D. 1962. *Classical Electrodynamics*. John Wiley & Sons, New York.
14) Kittel, C. 1986. *Solid State Physics*. John Wiley & Sons, New York.
15) Kleppner, D. 1981. "Inhibited spontaneous emission." *Phys. Rev. Lett.* **47**, 233.
16) Leung, K. M., and Y. F. Liu. 1990. "Full vector calculations of photonic band structures in face-centered cubic dielectric media." *Phys. Rev. Lett.* **65**, 2646.
17) Liboff, R. L. 1992. *Entroductory Quantum Mechanics*. 2d ed. Addison-Wesley, Reading, Mass.
18) McCall, S. L., P. M. Platzman, R. Dalichaouch, D. Smith, and S. Schultz. 1991. "Microwave propagation in two-dimensional dielectric lattices." *Phys. Rev. Lett.* **67**, 2017.

19) Martorell, J., and N. M. Lawandy. 1990. "Observation of inhibited spontaneous emission in a periodic dielectric structure." *Phys. Rev. Lett.* **65**, 1877.
20) Mathews, J., and R. Walker. 1964. *Mathematical Methods of Physics*. Addision-Wesley, Redwood City, Calif.
21) Meade, R. D., K. D. Brommer, A. M. Rappe, and J. D. Joannopoulos. 1991a. "Electromagnetic Bloch waves at the surface of a photonic crystal." *Phys. Rev. B.* **44**, 10961.
22) Meade, R. D., K. D. Brommer, A. M. Rappe, and J. D. Joannopoulos. 1991b. "Photonic bound states in periodic dielectric materials." *Phys. Rev. B.* **44**, 13772.
23) Mede, R. D., K. D. Brommer, A. M. Rappe, and J. D. Joannopoulos. 1992. "Existence of a photonic band gap in two dimensions." *Appl. Phys. Lett.* **61**, 495.
24) Meade, R. D., K. D. Brommer, A. M. Rapple, J. D. Joannopoulos, and O. L. Alerhand. 1993a. "Accurate theoretical analysis of photonic band gap materials." *Phys. Rev. B.* **48**, 8434
25) Meade, R. D., O. Alerhand, and J. D. Joannopoulos. 1993b. *Handbook of Photonic Band Gap Materials*. JAMteX I.T.R.
26) Merzbacher, E. 1961. *Quantum Mechanics*. John Wiley & Sons, New York.
27) Pankove, J. I. 1971. *Optical Processes in Semiconductors*. Dover, New York.
28) Plihal, M., and A. A. Maradudin. 1991. "Photonic band structure of two-dimensional systems : The triangular lattice." *Phys. Rev. B.* **44**, 8565.
29) Robertson, W. M., G. Arjavalingam, R. D. Meade, K. D. Brommer, A. M. Rappe, and J. D. Joannopoulos. 1992. "Measurement of photonic band structure in a two-dimensional periodic dielectric array." *Phys. Rev. Lett.* **68**, 2023.
30) Robertson, W. M., G. Arjavalingam, R. D. Meade, K. D. Brommer, A. M. Rappe, and J. D. Joannopoulos. 1993. "Observation of surface photons on periodic dielectric arrays." *Optics Letters*. **18**, 528.
31) Sakurai, J. J. 1985. *Modern Quantum Mechanics*. Addison-Wesley, Reading, Mass.
32) Satpathy, S., Z. Zhang, and M. Salehpour. 1990. "Theory of photon bands in three-dimensional periodic dielectric structures." *Phys. Rev. Lett.* **64**, 1239.
33) Shankar, R. 1982. *Principles of Quantum Mechanics*. Plenum Press, New York.
34) Smith, D. R., R. Dalichaouch, N. Krolls, S. Schultz, S. L. McCall, and P. M. Platzman. 1993. "Photonic band structure and defectis in one and two

dimensions." *J. Opt. Soc. Am. B.* **10**, 314.
35) Sözüer, H. S., J. W. Haus, and R. Inguva. 1992. "Photonic bands：Convergence problems with the plane-wave method." *Phys. Rev. B.* **45**, 13962.
36) Sze, S. M. 1981. *Physics of Semiconductor Devices.* John Wiley & Sons, New York.
37) Villeneuve, P., and M. Piche. 1992. "Photonic band gaps in two-dimensional square and hexagonal lattices." *Phys. Rev. B.* **46**, 4969.
38) Wendt, J. R., G. A. Vawter, P. L. Gourley, T. M. brennan, and B. E. Hammons. 1993. "Nanofabrication of photonic lattice structures in GaAs/AlGaAs." *J. Vac, sci, & Tech. B.* **11**, 2637.
39) Winn, J. N., R. D. Meade, J. D. Joannopoulos. 1994. "Two-dimensional photonic band gap materials." *J. Mod. Optics.* **41**, 257.
40) Yablonovitch, E., and T. J. Gmitter. 1987. "Inhibited spntaneous emission in solid state physics and electronics." *Phys. Rev. Lett.* **58**, 2059.
41) Yablonovitch, E. and T. J. Gmitter. 1989. "Photonic band structures：The face-centered cubic case." *Phys. Rev. Lett.* **63**, 1950.
42) Yablonovitch, E., T. J. Gmitter, and K. M. Leung. 1991a. "Photonic band structures：The face-centered cubic case. employing non-spherical atoms." *Phys. Rev. Lett.* **67**, 2295.
43) Yablonovitch, E., T. J. Gmitter, R. D. Meade, K. D. Brommer, A. M. Rappe, and J. D. Joannopoulos. 1991b. "Donor and acceptor modes in photonic band structure." *Phys. Rev. Lett.* **67**, 3380.
44) Yariv, A. 1985. *Optical Electronics.* Holt, Reinhart and Winston, New York.
45) Yeh, P. 1988. *Optical Waves in Layered Media.* John Wiley & Sons, New York.
46) Zhang, Ze, and Sashi Satpathy. 1990. "Electromagnetic wave propagation in periodic structures：Bloch wave solutions of Maxwell's equations." *Phys. Rev. Lett.* **65**, 2650.

索　　　引

【い】

一次元フォトニック結晶　　　　　　　　4

【え】

エネルギー汎関数　　　　　　　　16, 17
エバネセント　　　　　　　　　　　　47
エルミート　　　　　　　　　　　　　18
エルミート演算子　　　　　12, 13, 18, 19
エルミート形微分方程式　　　　　　　 5

【か】

回転対称　　　　　　　　　　　　 5, 34
完全バンドギャップ　　　　　　　　　 2
完全フォトニック結晶バンドギャップ　 6
完全フォトニックバンドギャップ　　　 4

【き】

規格化　　　　　　　　　　　　　　　12
基底固有状態　　　　　　　　　　　　22
基底モード　　　　　　　　　　　　　22
擬ベクトル　　　　　　　　　　　　　37
基本逆格子ベクトル　　　　　　　　　31
基本格子ベクトル　　　　　　　　　　30
既約ブリュアンゾーン　　　　　　　　35
共　鳴　　　　　　　　　　　　　　　77
鏡面反射　　　　　　　　　　　　　　 5
鏡面反射対称性　　　　　　　　　　　36
局在モード　　　　　　　　　　　 5, 48
巨視的マクスウェル方程式　　　　　　 7
金属共振器　　　　　　　　　　　　　 3
金属導波器　　　　　　　　　　　　　 3

【く】

空気欠陥　　　　　　　　　　　　　　89
空気バンド　　　　　　　　　　　　　45
空洞共振器　　　　　　　　　　　　 104

【け】

欠　陥　　　　　　　　　　　　　48, 53
結合模型　　　　　　　　　　　　　　53

【こ】

光学フィルタ　　　　　　　　　　　　41
格子定数　　　　　　　　　　　　　　30
固有関数　　　　　　　　　　　　　　11
固有値　　　　　　　　　　　11, 13, 14
固有値問題　　　　　　　　　　　　　11
固有ベクトル　　　　　　　　　　11, 13
固有モード　　　　　　　　　11, 14, 16

【さ】

三次元フォトニック結晶　　　　　　　 6

【し】

時間反転対称性　　　　　　　　　　　38
周期的結晶ポテンシャル中の電子の伝搬　5
縮　退　　　　　　　　　　　14, 24, 29
状態密度　　　　　　　　　　　　　　54

【す】

スケーリング　　　　　　　　　　　　84
スケーリングパラメータ　　　　　　　19
スケール　　　　　　　　　　　　　　19

【せ】

性能指数　　　　　　　　　　　　　 104
線形演算子　　　　　　　　　　　　　11

【た】

対称性　　　　　　　　　　　　　　　23
ダイヤモンド格子　　　　　　　　　　83
多重反射　　　　　　　　　　　　　　41
多層膜　　　　　　　　　　　　　　　41
単位セル　　　　　　　　　　　　　　30

索引　139

【ち】

調和モード	5, 9, 11, 12, 13, 15, 17
直線状欠陥	92
直線状欠陥による光局在	71
直交性	15
直交モード	14, 15

【て】

低損失誘電体	8
点群	35
電磁エネルギー汎関数	15
電磁気変分定理	5, 16

【と】

導波器	3, 107

【な】

内積	12, 14

【に】

二次元フォトニック結晶	6, 58, 83

【は】

波動ベクトル	27
波動モードの直交性	5
ハミルトン演算子	12
反射誘導体	100
反転	24
反転および時間反転対称	5
反転対称性	25
バンド構造	28
バンド幅	52
バンド番号	28

【ひ】

ヒ化ガリウム	101
表現論	39
表面状態	5, 48

【ふ】

フォトニック結晶	2
フォトニック結晶のバンド構造	34
フォトニックバンドギャップ	3, 5, 44
フーリエ解析	9
ブリュアンゾーン	32
フロッケモード	32
ブロッホ状態	32
ブロッホ定理	32
分布帰還レーザ	57

【へ】

並進対称	5
変分原理	11
変文法	15

【ほ】

ボーア半径	19

【ま】

マクスウェル方程式	5

【め】

面外伝搬	70, 80

【も】

モードを規定するマスター方程式	10
モードプロファイル	9

【や】

ヤブロノバイト	88

【ゆ】

誘電体系のスケーリング則	5
誘電体欠陥	89
誘電体ミラー	3, 41
誘電バンド	45
誘電ファブリー・ペローフィルタ	3, 55

【り】

離散的バンド	29
離散的並進対称性	30
量子化	54

【れ】

連続並進対称性 26

π ライク 74
δ ライク 74
A と B の交換子 25
TE モード 38
TM モード 38

―― 訳者略歴 ――

藤井　壽崇（ふじい　としたか）
- 1959年　名古屋工業大学工学部電気工学科卒業
- 1968年　名古屋大学大学院工学研究科博士課程修了
- 1968年　名古屋大学助手
- 1969年　工学博士（名古屋大学）
- 1971年　名古屋大学講師
- 1974年　名古屋大学助教授
- 1977年　名古屋大学教授
- 1978年　豊橋技術科学大学教授
- 1995年　東北大学教授（併任）
- 2000年　豊橋技術科学大学名誉教授
- 2000年　愛知工科大学教授
  現在に至る

井上　光輝（いのうえ　みつてる）
- 1981年　豊橋技術科学大学工学部情報工学課程卒業
- 1983年　豊橋技術科学大学大学院工学研究科修士課程修了
- 1983年　大阪府立工業高等専門学校講師
- 1988年　大阪府立工業高等専門学校助教授
- 1989年　工学博士（豊橋技術科学大学）
- 1993年　豊橋技術科学大学講師
- 1994年　豊橋技術科学大学助教授
- 1997年　東北大学助教授
- 1999年　豊橋技術科学大学助教授
- 2001年　豊橋技術科学大学教授
- 2002年　米国スタンフォード大学客員教授
  現在に至る

フォトニック結晶 ―― 光の流れを型にはめ込む ――
Photonic Crystals ―― Molding the Flow of Light ――
© Toshitaka Fujii, Mitsuteru Inoue 2000

2000年10月23日　初版第1刷発行
2002年 7 月10日　初版第2刷発行

検印省略	訳　者	藤　井　壽　崇
		豊橋市曙町測点177-6
		井　上　光　輝
		岡崎市伊賀町地蔵ヶ入20-8
	発行者	株式会社　コロナ社
	代表者	牛来辰巳
	印刷所	壮光舎印刷株式会社

112-0011　東京都文京区千石 4-46-10
発行所　株式会社　コロナ社
CORONA PUBLISHING CO., LTD.
Tokyo Japan
振替 00140-8-14844・電話(03)3941-3131(代)
ホームページ　http://www.coronasha.co.jp

ISBN 4-339-00727-7　　　（横尾）　　（製本：グリーン）
Printed in Japan

無断複写・転載を禁ずる
落丁・乱丁本はお取替えいたします

電子情報通信学会 大学シリーズ

(各巻A5判，全62巻)

■(社)電子情報通信学会編

記号	配本順	書名	著者	頁	本体価格
A-1	(40回)	応用代数	伊藤 理重 正悟 夫 共著	242	3000円
A-2	(38回)	応用解析	堀内 和夫	340	4100円
A-3	(10回)	応用ベクトル解析	宮崎 保光著	234	2900円
A-4	(5回)	数値計算法	戸川 隼人著	196	2400円
A-5	(33回)	情報数学	廣瀬 健著	254	2900円
A-6	(7回)	応用確率論	砂原 善文著	220	2500円
B-1	(57回)	改訂電磁理論	熊谷 信昭著	340	4100円
B-2	(46回)	改訂電磁気計測	菅野 允著	232	2800円
B-3	(56回)	電子計測(改訂版)	都築 泰雄著	214	2600円
C-1	(34回)	回路基礎論	岸 源也著	290	3300円
C-2	(6回)	回路の応答	武部 幹著	220	2700円
C-3	(11回)	回路の合成	古賀 利郎著	220	2700円
C-4	(41回)	基礎アナログ電子回路	平野 浩太郎著	236	2900円
C-5	(51回)	アナログ集積電子回路	柳沢 健著	224	2700円
C-6	(42回)	パルス回路	内山 明彦著	186	2300円
D-2	(26回)	固体電子工学	佐々木 昭夫著	238	2900円
D-3	(1回)	電子物性	大坂 之雄著	180	2100円
D-4	(23回)	物質の構造	高橋 清著	238	2900円
D-6	(13回)	電子材料・部品と計測	川端 昭著	248	3000円
D-7	(21回)	電子デバイスプロセス	西永 頌著	202	2500円
E-1	(18回)	半導体デバイス	古川 静二郎著	248	3000円
E-2	(27回)	電子管・超高周波デバイス	柴田 幸男著	264	2900円
E-3	(48回)	センサデバイス	浜川 圭弘著	200	2400円
E-4	(36回)	光デバイス	末松 安晴著	202	2500円
E-5	(53回)	半導体集積回路	菅野 卓雄著	164	2000円
F-1	(50回)	通信工学通論	畔柳 功芳 塩谷 光 共著	280	3400円
F-2	(20回)	伝送回路	辻井 重男著	186	2300円
F-4	(30回)	通信方式	平松 啓二著	248	3000円

記号	(回)	書名	著者	頁	価格
F-5	(12回)	通信伝送工学	丸林 元著	232	2800円
F-7	(8回)	通信網工学	秋山 稔著	252	3100円
F-8	(24回)	電磁波工学	安達三郎著	206	2500円
F-9	(37回)	マイクロ波・ミリ波工学	内藤喜之著	218	2700円
F-10	(17回)	光エレクトロニクス	大越孝敬著	238	2900円
F-11	(32回)	応用電波工学	池上文夫著	218	2700円
F-12	(19回)	音響工学	城戸健一著	196	2400円
G-1	(4回)	情報理論	磯道義典著	184	2300円
G-2	(35回)	スイッチング回路理論	当麻喜弘著	208	2500円
G-3	(16回)	ディジタル回路	斉藤忠夫著	218	2700円
G-4	(54回)	データ構造とアルゴリズム	斎藤信男・西原清一共著	232	2800円
H-1	(14回)	プログラミング	有田五次郎著	234	2100円
H-2	(39回)	情報処理と電子計算機(「情報処理通論」改題新版)	有澤 誠著	178	2200円
H-3	(47回)	電子計算機 I ―基礎編―	相磯秀夫・松下 温共著	184	2300円
H-4	(55回)	改訂 電子計算機 II ―構成と制御―	飯塚 肇著	258	3100円
H-5	(31回)	計算機方式	高橋義造著	234	2900円
H-7	(28回)	オペレーティングシステム論	池田克夫著	206	2500円
I-3	(49回)	シミュレーション	中西俊男著	216	2600円
I-4	(22回)	パターン情報処理	長尾 真著	200	2400円
J-1	(52回)	電気エネルギー工学	鬼頭幸生著	312	3800円
J-3	(3回)	信頼性工学	菅野文友著	200	2400円
J-4	(29回)	生体工学	斎藤正男著	244	3000円
J-5	(45回)	改訂 画像工学	長谷川伸著	232	2800円

以下続刊

- C-7 制御理論
- D-1 量子力学
- D-5 光・電磁物性
- F-3 信号理論
- F-6 交換工学
- G-5 形式言語とオートマトン
- G-6 計算とアルゴリズム
- I-1 ファイルとデータベース
- I-2 データ通信
- J-2 電気機器通論

定価は本体価格+税です。
定価は変更されることがありますのでご了承下さい。

図書目録進呈◆

大学講義シリーズ (各巻A5判)

配本順	書名	著者	頁	本体価格
（2回）	通信網・交換工学	雁部頴一著	274	3000円
（3回）	伝送回路	古賀利郎著	216	2500円
（4回）	基礎システム理論	古田・佐野共著	206	2500円
（5回）	通信伝送工学	星子幸男著	品切	
（6回）	電力系統工学	関根泰次他著	230	2300円
（7回）	音響振動工学	西山静男他著	270	2600円
（8回）	改訂 集積回路工学（1） ―プロセス・デバイス技術編―	柳井・永田共著	252	2900円
（9回）	改訂 集積回路工学（2） ―回路技術編―	柳井・永田共著	266	2700円
（10回）	基礎電子物性工学	川辺和夫他著	264	2500円
（11回）	電磁気学	岡本允夫著	384	3800円
（12回）	高電圧工学	升谷・中田共著	192	2200円
（13回）	電子計測	須山正敏他著	品切	
（14回）	電波伝送工学	安達・米山共著	304	3200円
（15回）	数値解析（1）	有本卓著	234	2800円
（16回）	電子工学概論	奥田孝美著	224	2700円
（17回）	基礎電気回路（1）	羽鳥孝三著	216	2500円
（18回）	電力伝送工学	木下仁志他著	318	3400円
（19回）	基礎電気回路（2）	羽鳥孝三著	292	3000円
（20回）	基礎電子回路	原田耕介他著	260	2700円
（21回）	計算機ソフトウェア	手塚・海尻共著	198	2400円
（22回）	原子工学概論	都甲・岡共著	168	2200円
（23回）	基礎ディジタル制御	美多勉他著	216	2400円
（24回）	新電磁気計測	大照完他著	210	2500円
（25回）	基礎電子計算機	鈴木久喜他著	260	2700円
（26回）	電子デバイス工学	藤井忠邦著	274	3200円
（27回）	マイクロ波・光工学	宮内一洋他著	228	2500円
（28回）	半導体デバイス工学	石原宏著	264	2800円
（29回）	量子力学概論	権藤靖夫著	164	2000円
（30回）	光・量子エレクトロニクス	藤岡・小原・齊藤共著	180	2200円
（31回）	ディジタル回路	高橋寛他著	178	2300円
（32回）	改訂 回路理論（1）	石井順也著	200	2500円
（33回）	改訂 回路理論（2）	石井順也著	210	2700円
（34回）	制御工学	森泰親著	234	2800円

以下続刊

電気機器学　中西・正田・村上共著	電力発生工学　上之園親佐著
電気物性工学　長谷川英機著	電気・電子材料　家田・水谷共著
通信方式論　森永・小牧共著	情報システム理論　長谷川・高橋・笠原共著
数値解析（2）　有本卓著	現代システム理論　神山真一著

定価は本体価格+税です。
定価は変更されることがありますのでご承知下さい。

図書目録進呈◆

電気・電子系教科書シリーズ

(各巻A5判)

■編集委員長　高橋　寛
■幹　　　事　湯田幸八
■編集委員　　江間　敏・竹下鉄夫・多田泰芳
　　　　　　　中澤達夫・西山明彦

配本順			著者	頁	本体価格
4.	(3回)	電 気 回 路 II	遠藤 勲・鈴木 靖 共著	208	2600円
6.	(8回)	制　御　工　学	下奥 正・西平 鎮郎 二 共著	216	2600円
9.	(1回)	電子工学基礎	中澤達夫・藤原勝幸 共著	174	2200円
10.	(6回)	半 導 体 工 学	渡辺英夫 著	160	2000円
13.	(2回)	ディジタル回路	伊原充博・若海弘夫・吉沢昌純 共著	240	2800円
14.	(11回)	情報リテラシー入門	室山 進・賀戸 也巌 共著	176	2200円
18.	(10回)	アルゴリズムとデータ構造	湯田幸八・伊原充博 共著	252	3000円
19.	(7回)	電 気 機 器 工 学	前田 勉・新谷邦弘 共著	222	2700円
20.	(9回)	パワーエレクトロニクス	江間 敏・高橋 勲 共著	202	2500円
22.	(5回)	情　報　理　論	三木成彦・吉川英機 共著	216	2600円
25.	(4回)	情報通信システム	岡田 裕・桑原正史 共著	190	2400円

以下続刊

1. 電　気　基　礎　　柴田・皆藤共著
2. 電　気　磁　気　学　　多田・柳田・柴田共著
3. 電　気　回　路　I　　多田・須田共著
5. 電気・電子計測工学　西山・吉沢共著
7. ディジタル制御　　青木・西堀共著
8. ロ ボ ッ ト 工 学　白水　俊之著
11. 電気・電子材料　中澤・藤原・森山・服部・押田 共著
12. 電　子　回　路　須田・土田共著
15. プログラミング言語I　湯田 幸八著
16. プログラミング言語II　柚賀・松林共著
17. 計算機システム　春日・舘泉共著
21. 電　力　工　学　江間・甲斐共著
23. 通　信　工　学　竹下・奥井共著
24. 電　波　工　学　松田・南部共著
26. 自　動　設　計　製　図

定価は本体価格+税です。
定価は変更されることがありますのでご了承下さい。

図書目録進呈◆

標準機械工学講座

(各巻A5判, 全30巻)

配本順				頁	本体価格
1. (11回)	機械要素(1) ―機構と機械の運動―	林　杵　雄著		170	1900円
2. (8回)	新版 機械要素(2) ―機械設計―	石川二郎著		256	2800円
3. (4回)	改訂 機械製図	益子正巳著			品切
4. (3回)	機械力学	渡辺　茂著		170	2000円
5. (5回)	改訂 振動工学	谷口　修著		220	2200円
6. (14回)	材料力学(増補版)	奥村敦史著		412	4000円
7. (12回)	新版 金属材料および試験法	葉山房夫著			品切
8. (1回)	改訂 水力学	池森亀鶴他著		300	3300円
9. (27回)	機械材料	横山　亨著		238	2500円
10. (10回)	水力機械	草間秀俊著		234	2300円
11. (29回)	流体力学(1)	大橋秀雄著		204	2200円
12. (26回)	応用熱力学	谷下市松他著		308	3300円
13. (21回)	伝熱論	橘藤雄他著		322	3200円
14. (19回)	蒸気工学	石谷清幹 赤川浩爾 共著		392	3500円
15. (9回)	改訂 内燃機関	渡部一郎著		298	2900円
16. (15回)	新版 機械製作法(1)	千々岩健児著		396	3200円
17. (2回)	改訂 機械製作法(2)	竹中規雄著		216	2000円
18. (6回)	改訂 工作機械	米津　栄著		246	2400円
19. (20回)	改訂 自動制御基礎理論	増淵正美著		400	3800円
20. (7回)	改訂 精密測定(1)	青木保雄著		322	3000円
21. (13回)	改訂 精密測定(2)	青木保雄著		256	2500円
22. (23回)	塑性学および加工	春日保男著			品切
23. (25回)	流体力学(2)	白倉昌明 大橋秀雄 共著		278	2900円
24. (17回)	改訂 冷凍工学	長岡順吉著			品切
25. (28回)	原子力工学	鳥飼欣一 秋山　守 共著		298	3000円
26. (18回)	経営工学概論	和田重威著			品切
27. (16回)	空気機械	渡部一郎著			品切
28. (22回)	自動車工学(1)	関敏郎著			品切
29. (24回)	自動車工学(2)	関敏郎著			品切
30. (30回)	計測原論	高田誠二著			続刊

定価は本体価格+税です。
定価は変更されることがありますのでご了承下さい。

◆図書目録進呈◆

光エレクトロニクス教科書シリーズ

(各巻A5判，全7巻)

コロナ社創立70周年記念出版
■企画世話人
西原　浩　　神谷　武志

配本順			頁	本体価格
1.（1回）	光エレクトロニクス入門	西原　浩　共著 裏　升吾	224	2900円
2.（2回）	光　波　工　学	栖原　敏明　著	254	3200円
4.（3回）	光通信工学（1）	羽鳥　光俊　監修 青山　友紀 小林　郁太郎　編著	176	2200円
5.（4回）	光通信工学（2）	羽鳥　光俊　監修 青山　友紀 小林　郁太郎　編著	180	2400円
6.（6回）	光　情　報　工　学	黒川　隆志 滝沢　國春　編著 徳丸　治樹 渡辺　敏英　共著	226	2900円
7.（5回）	レーザ応用工学	小原　實 荒井　恒憲　共著 緑川　克美	272	3600円

以下続刊

3．光デバイス工学　小山二三夫著

フォトニクスシリーズ

(各巻A5判)

■編集委員　伊藤良一・神谷武志・柊元　宏

配本順			頁	本体価格
4.（1回）	超格子構造の光物性と応用	岡本　紘　著	272	4100円
6.（2回）	Ⅲ-Ⅴ族半導体混晶	永井　治男　他著	278	4200円
9.（3回）	強誘電性液晶の構造と物性	福田　敦夫　他著	462	7000円
12.（4回）	光メモリの基礎	寺尾　元康　他著	150	2300円
13.（5回）	光導波路の基礎	岡本　勝就　著	376	5700円

以下続刊

1.	光物性の基礎	蟹江　壽他著	2.	光ソリトン通信	中沢　正隆著
3.	太陽電池		5.	短波長レーザ	中野　一志他著
7.	超高速光物性とデバイス	荒川　泰彦他著	8.	近接場光学とその応用	
10.	エレクトロルミネセンス素子	小林　洋治他著	11.	レーザと光物性	櫛田　孝司著
14.	量子効果光デバイス	岡本　紘監修			

定価は本体価格+税です。
定価は変更されることがありますのでご了承下さい。

図書目録進呈◆

辞典・ハンドブック

書名	編者	本体価格
改訂 電子情報通信用語辞典	電子情報通信学会 編	14000円
映像情報メディア用語辞典	映像情報メディア学会 編	6400円
ME 用語辞典	日本エム・イー学会 編	22000円
改訂 コンピュータ用語辞典	編集委員会 編	2300円
新版 電気用語辞典	編集委員会 編	6000円
学術用語集 電気工学編（増訂2版）	文部省 編	4320円
大電流工学ハンドブック	電気学会 編	7000円
光通信・光メモリ用語辞典	光産業技術振興協会 編	2300円
新版 画像電子ハンドブック	画像電子学会 編	18000円
パワーデバイス・パワーICハンドブック	電気学会 編	15000円
臨床MEハンドブック	日本エム・イー学会 編	25000円
改訂 ME機器ハンドブック	日本電子機械工業会 編	9000円
改訂 医用超音波機器ハンドブック	日本電子機械工業会 編	8000円
新版 放射線医療用語辞典	編集委員会 編	6300円
学術用語集 計測工学編（増訂版）	文部省 編	3900円

定価は本体価格+税です。
定価は変更されることがありますのでご了承下さい。

図書目録進呈◆